在最好的年纪，做出最大的努力

王小亦◎著

中国纺织出版社有限公司

内 容 提 要

每个年轻人，都对未来充满憧憬，都怀揣梦想，然而，世界上没有一件有价值的东西可以不通过辛勤劳动而获得。不吝惜自己汗水的人，必将有丰厚的收获，每个年轻人都要趁着年轻，做出最大的努力，才会心想事成。

本书是一本心灵成长指导用书，通过大量通俗易懂、意味深长且富有哲理的事例，告诫那些正在人生路上默默奋斗却内心迷茫的的年轻人，拼搏才是获得成功的不二法门。只有努力努力再努力，才不会辜负生命的意义。

图书在版编目（CIP）数据

在最好的年纪，做出最大的努力 / 王小亦著. --北京：中国纺织出版社有限公司，2020.7
ISBN 978-7-5180-7219-4

Ⅰ. ①在… Ⅱ. ①王… Ⅲ. ①成功心理—通俗读物
Ⅳ. ①B848.4-49

中国版本图书馆CIP数据核字（2020）第040259号

责任编辑：赵晓红　　责任校对：江思飞　　责任印制：储志伟

中国纺织出版社有限公司出版发行
地址：北京市朝阳区百子湾东里A407号楼　邮政编码：100124
销售电话：010-67004422　传真：010-87155801
http://www.c-textilep.com
中国纺织出版社天猫旗舰店
官方微博http://weibo.com/2119887771
佳兴达印刷（天津）有限公司印刷　各地新华书店经销
2020年7月第1版第1次印刷
开本：880×1230　1/32　印张：6
字数：114千字　定价：39.80元

前言

在现实生活中，我们发现，不少人，尤其是年轻人，从童年、少年到青年，从读书到工作，都是按部就班、按照长辈的规划去做，一切进行得很平顺。然而，曾几何时，你是否静下心来，思考过以下几个问题：你对现今的工作和生活满意吗？你曾经的梦想是什么？你是否羡慕他人的人生？你希望改变现状吗？

对于这些问题，可能不少人说，他也想改变现状，也想获得财富，也想实现梦想。可是，随着时间的流逝，真正心想事成的人却不多。这是为什么呢？什么又能帮助我们敲开成功之门呢？

原因很简单，因为你不够努力，因为你放弃了曾经的追求。的确，年轻就是资本，年轻就意味着要努力奋斗，事实上，那些成功者，也无不是在年轻的时候为梦想拼搏，他们每天都在进步。其实，一个人能否成功，就在于你是否有向往，是否为梦想全力以赴。

每一个人都有梦想，但如果不趁着年轻拼搏，你就只能甘于平庸。不得不说，我们所生活的世界，日新月异，瞬息万变，或者现在的你在他人看来小有成就，但随着时间的流逝，当大家都在进取的同时，你若停滞不前，你就会落后。如果你意识到这种落后的存在却又不愿意奋起直追，那么就只能过平淡乏味的生活了。

那么，年轻人，现在就努力吧，在最好的年纪，做出最大的努力，在这个世界上只有努力不会辜负你的期望，它能让平凡的人和天才站在同一起跑线上奔跑，甚至超越天才，率先到达成功的终点。德国大作家歌德说过："人们在那里高谈阔论着天气和灵感之类的东西，我却像打金锁链那样苦心劳动着，把一个个小环节非常合适地连接起来。"奋斗使一个人更充实、更崇高，它不仅仅帮助你获取工作、积累财富，而且真正影响你的内在，帮助你开发自己的能力，更好地利用自己的潜能，成为一个真正的胜利者。

然而，现在的你，是否找不到方向？是否觉得无从下手？这就是本书——《在最好的年纪，做出最大的努力》编写的初衷。

本书是一本给人力量、促人奋斗的正能量书。它让你懂得规划自己的人生，让你懂得在灯红酒绿的社会中找到自己的位置，找到奋斗的方向。看完本书，你会获得力量，会找到自己热爱的事业，最终驾驭自己的人生，实现自己的人生价值！

作者

2019年12月

目录

第1章

在最好的年纪，有追寻梦想的勇气

谁都知道，世间最抵挡不住的就是时间的流逝。年轻人正处于美好青春期，青春有热血，青春有快乐和痛苦，但青春易逝，须臾间年华老去。任何一个年轻人，都要在最美好的年纪开始为未来打算，要有追寻梦想的勇气，人生初期，一定要努力和学习，因为现在的你，决定将来的你，诸事蒙昧，难免摸索，任性地拒绝学习，就是冒险，因为赌的是将来的人生，自己也失去了改变的可能。

没有超人的胆识，就没有超凡的成就

我们听过一句话：第一个成功的人，往往是那个第一个“吃螃蟹的人”！人们也常说“没有人能随随便便成功”，这句话是说，成功需要很多因素。而我们又发现，任何一个成功的人，他之所以成功是因为他本人不仅勤奋，而是善于找到一条属于自己的成功路，他拥有与众不同的思想和快人一步的行动；而那些失败的人，也并全是因为他不够努力，而是因为他人云亦云，总是在走别人的老路。为此，我们要清楚一点，想要成功，就要敢于出头，做有个性的人。事实证明，那些畏畏缩缩、走在他人身后的人是没有什么大作为的。

在现代社会，不敢冒险就是最大的冒险。没有超人的胆识，就没有超凡的成就。生活中的人们，你也需要勇敢地冒险，勇于尝试，这样，你就有了做第一个成功者的机会。胆量是使人从优秀到卓越的最关键的一步。海尔总裁张瑞敏先生说：“如果有50%的把握就上马，有暴利可图；如果有80%的把握才上马，最多只有平均利润；如果有100%的把握才上马，一上马就亏损。”

很多成功者为什么能赤手打天下，就是因为有敢为天下先的超人胆识。比尔·盖茨靠什么法宝建立了他的微软帝国？他为何在竞争激烈的现代经济中独占鳌头而历久不衰?

在比尔·盖茨看来，成功的首要因素就是冒险。在任何事业中，把所有的冒险都消除掉的话，自然也就把所有成功的机会都消除掉了。他自己的一生当中，最持续一贯的特性就是强烈的冒险精神。他甚至认为，如果一个机会没有伴随着风险，这种机会通常就不值得花心力去尝试。他坚定不移地认为，有冒险才有机会，正是有风险才使得事业更加充满跌宕起伏的趣味。

比尔·盖茨是一个具有极高天分、争强好胜、喜欢冒险、自信心很强的人，他在本行业的控制力是惊人的，以至有评论说：微软公司正在屠杀对手，几近垄断软件工作。

事实上，对冒险精神的培养，比尔·盖茨从学生时代就开始了。他在哈佛的第一个学年故意制定了一个策略：多数的课程都逃课，然后在临近期末考试的时候再拼命地学习。他想通过这种冒险，检验自己怎么花尽可能少的时间，而又能够得到最高的分数。他做得很成功，通过这次冒险他发现了一个企业家应该具备的素质：如何用最少的时间和成本得到最快最高的回报。

他总是在培养自己好斗的性格，因而被人骂作“红眼”（人在紧张时肾上腺素冲进眼睛，导致眼睛通红）。久而久之，他成为令所有对手都胆怯的人物，因为他绝对不服输，绝对不会退缩，绝对不会忍让，更不会妥协，直到他自己取得了胜利。这种个性成为他创业时期的最明显的特征，他令一个个对手都败在了自己的手下。

但是他同时又是一个最不满足的人。到了20世纪90年代，他已经成了世界首富，但是不满足的心理依然驱动着他继续自己的冒险事业。他在一次接受记者的采访时说："我最害怕的是满足，所以每一天我走进这间办公室时都自问：我们是否仍然在辛勤工作？有人将要超过我们吗？我们的产品真的是目前世界上最好的吗？我们能不能再加点油，让我们的产品变得更好呢？"

生活中，总是有这样一些人，他们认为自己心智成熟、考虑周全，但却什么都不敢做，不敢去冒险，的确，风险可能会导致你失败，但也会使你获得意想不到的收获，不冒风险看似安全，但它只会使你的一生在平庸中度过。

平凡的人之所以没有大的成就，就是因为他太容易满足而不求进取，他一生只会盲目地工作，挣取足够温饱的薪金。不甘于优秀，超越优秀，成为卓越者，我们可以把事情做到更好。

据社会学专家预测，未来的社会将变成一个复杂的、充满不确定性的高风险社会，如果人类自由行动的能力总在不断增强的话，那么不确定性也会不断增大。生活中的人们，你应该意识到，各种变化已经在你身边悄然出现，勇敢地投身于其中的人也越来越多了，而如果你不积极行动起来，缺乏竞争意识、忧患意识，安于现状、不思进取，如果你还没被惊醒的话，就会被时代所抛弃，被那些敢于冒险的人远远甩在后面。敢于第一、充满冒险精神，是成功人士给我们的启示。

席巴·史密斯曾说："许多天才因缺乏勇气而在这世界消失。每天，默默无闻的人们被送入坟墓，他们由于胆怯，从未尝试着努力过；他们若能接受诱导起步，就很有可能功成名就。"任何人，一旦甘于平淡和默默无闻，那么其结果也就是平淡。哀莫大于心死，只有积极进取，才能勇于尝试。

当然，我们还应该注意的是，勇气常常是盲目的，因为它没有看见隐伏在暗中的危险与困难。因此，勇气不利于思考，但却有利于实干。所以，林肯说："对于有勇无谋的人，只能让他们做帮手，而绝不能当领袖。"

总之，敢于走在人前的人是有勇气的人，但敢于冒险并不等于有勇无谋，有道是："富贵险中求，成功细中取。"冒险绝不等于蛮干，它是建立在正确的思考与对事物的理性分析之上的。

不努力去行动的人，就不会获得成功

我们可以说，每个人的心中都心存梦想，都有自己向往的生活，但如果你畏首畏尾、只是幻想而不付诸实践的话，那么，你只能在一片幻想的迷途中越陷越深。因为成功与胆量有着莫大的关系，有胆量的人才有资格拥有成功。那些在取得了一点成就后就安于现状、求稳的人，最终，他们只能陷于平庸。只有有胆量、敢于破釜沉舟的人，才会置之死地而后生，实现新的突破。

事实上，勇敢是我们必不可少的品质。要取得成就有很多必要条件，其中的一条非常重要，那就是：勇气。然而，我们发现，现实生活中，有这样一些人，他们刚开始时都满怀理想，但在社会上打拼几年后，越发感到衣食住行等实际需要的重要性，于是，在获得了一份稳定的饭碗之后，往往就会在时间的消耗下失去进取的锐气，无奈地满足眼前的一切。

然而，不得不承认的是，作为一个平凡的人，我们也都害怕失败，渴望成功，于是，人们在执行自己的目标与想法前，他们也可能会产生各种顾虑，都会迟疑不定，而实际上，正是因为迟疑，会导致你开始恐惧、左思右想，最终被恐惧扰乱心境而不敢执行。在任何一个领域里，不努力去行动的人，就不会获得成功。

我们需要记住的是，现代社会，不敢冒险就是最大的冒险。没有超人的胆识，就没有超凡的成就。生活中的人们，你也需要勇敢地冒险，勇于尝试，勇于走心中向往的那条路，这样，你就有了做第一个成功者的机会。胆量是使人从优秀到卓越的最关键的一步。你需要勇气，需要胆量，你不是弱者！

卡洛斯·桑塔纳是美国著名的音乐艺术家，他出生在墨西哥，17岁随父母移居美国。

卡洛斯自幼随父学艺，很喜欢音乐，歌唱得很不错，在读书时，在班里举办的歌唱大赛中，他就开始展露他的音乐天分了。

有一次，学校要举办年级歌手大赛，校方通知学生可以自由报名，但是卡洛斯没有勇气去报名，他怕别人嘲笑他，原本他已经走到报名的办公室，但还是没有勇气敲门。

就在离报名截止日期还有两天时，他的音乐老师克努森问他："卡洛斯，为什么你不去报名呢？难道你没看到报名通知吗？"

"呃，克努森先生，您知道，我成绩不好，哎……"

"是的，我看到了，你来学校之后的成绩，除了'及格'就是'不及格'，真是太糟了。但是你的音乐成绩却很多优，我看得出来你是个音乐天才。为什么不去报名，让别人看到你优秀的一面呢？"

随后，克努森老师语重心长地对卡洛斯说："孩子，千万要记住老师的一句话：不管你做什么，都要拿出勇气来，幸运女神的门只为有勇气的人敞开着。"

老师的话给了卡洛斯极大的信心，他勇敢地走向那间办公室报了名，在比赛中用他那美妙的歌喉征服了全校的老师和同学，一举夺得年级第一名的好成绩。

由于这次夺魁，卡洛斯对自己信心倍增。在他以后从艺的道路上，无论遇到什么困难，他都毫不退缩，奋勇向前。付出终有收获，2000年，52岁的卡洛斯·桑塔纳成为第42届格莱美颁奖舞台上最大的赢家，独揽了包括含金量最高的格莱美年度专集奖与年度歌曲奖，至此，他共获得了8次格莱美音乐大奖，是首位步入“拉丁音乐名人堂”的摇滚音乐家。

领奖台上，卡洛斯做了一次简短的演说，述说了他对音乐的热爱，并着重强调了一点：“幸运女神之门只为有勇气的人敞开着，没有足够的勇气，我就不会站在这个舞台上！”

认准目标，勇往直前，是一切有识者的成功经验。敢是一种胜利，不敢就是一种失败。因为敢，你离成功很近；因为不敢，你在远离风险的同时，也错过成功的机会，造成终生遗憾。想成为一个名副其实的赢家，你就应该大声地对懦弱和“不敢”说“不”。

每个人都在渴望着成功，然而成功并不是一条风和日丽的坦途，它需要你有一种披荆斩棘和承受厄运的勇气。勇敢的人面前才有路，是否有勇气，往往成为成功者与失败者的分水岭。很多时候，成功的门都是虚掩着的，勇敢地去叩开成功之门，才能探寻出个究竟来。那时，呈现在眼前的真的将是一片崭新的天地。

生活中，不少人渴望得到成功，渴望开创自己的事业，但每每考虑到会有失败的可能，他们就退缩了。因为他们怕被扣上愚昧的帽子，遭到别人取笑；他们不敢否认，因为害怕自己的判断失误；他们不敢向别人伸出援手，因为害怕一旦出了事情而被牵连；他们不敢暴露自己的感情，因为害怕自己被别人看穿；他们不敢爱，因为害怕要冒不被爱的风险；他们不敢尝试，因为要冒着失败的风险；他们不敢希望什么，因为他们怕失望……这种可能会遇到的风险，让那些不自信的人畏首畏尾，举步维艰，他们茫然四顾，不知道自己的出路在何方，殊不知，人生中最大的冒险就是不冒险，畏首畏尾只会让自己的人生不断倒退。

总之，我们每个人都要记住一点，在现代社会，没有超人的胆识，就没有超凡的成就。在这个时代，墨守成规、缺乏勇气的人，迟早会被时代所抛弃。处处求稳，时时都给自己留有退路，这是一种看似稳妥却充满潜在危机的生存方式。而我们要想拥有自己想要的生活，就要勇敢地走心中向往的那条路。

坚持自我，走自己的路

诗人但丁曾说："走自己的路，让别人去说吧。"这句话的含义是，当你认为自己选择的路正确时，请坚持你的选择，别太看重别人怀疑和反对的态度，坚持自我，你会有更大的突破。

生活中的人们，如果你所希望走的路与周围人想法相背离，你是坚持自己的想法还是听从他人的意见呢？此时，如果你认为自己的观点是正确的，那么，你就要坚持。相信自己正确，那么，你就敢走自己的路，就能不怕失误、不怕失败，在大多数情况下，不敢自信走“小路”的人，通常也难成为创新型人才。

成功者在大多数人之外。我们都渴望成功，但最终成功的往往是那些走“小道”的人，人云亦云者、混迹于人群中的人即使有天赋的才能，最终只能泯然众人。因此，生活中的人们，如果你希望获得成功，就要有与众不同的思维，要走与众不同的路，当你认为自己选择的路正确时，请坚持你的选择，别太看重别人怀疑和反对的态度，坚持自我，你会有更大的突破。

理查德是哈佛毕业的高才生，但令别人感到惊讶的是，他并没有和其他毕业生一样就职于某家大企业或者成为某一行业的技术骨干，而是成了一个出类拔萃的油漆匠。

理查德的父亲也是一位手艺很好的油漆匠，在他年轻的时候，他成功偷渡到了洛杉矶，移民生活是辛苦的，而他正是凭借这一手好手艺在洛杉矶站住了脚，后来，因为一个大赦，他拿到了绿卡，他一家人也就成了名正言顺的美国公民。

理查德是个懂事的孩子，在他很小的时候，为了减轻父亲的工作压力，他常常都会帮父亲干一些油漆活。几年下来，他不但掌握了父亲所有的手艺，还在很多方面都有所创新，这让他的父亲感到很诧异。

理查德在读书方面也表现出了与众不同的天赋，他在学校的成绩一直是前三名，在社区服务的记录一直是最好的，而且，他还获得过全美中学生美术展油画铜奖，这就使得他轻而易举地被哈佛大学录取了。

在哈佛读本科的4年，理查德虽然成绩一直名列前茅，但似乎一直忘不了油漆工作，他觉得自己只有在摸油漆的过程中，才是快乐的。为此，一到周末，他就赶紧回家，然后摆弄油漆。

很快，4年大学毕业，他坚持不继续深造，而是在洛杉矶找了一份不错的工作。

理查德在工作中也一直很努力，为此，老板嘉奖了他很多次，但他就是忘不了油漆。一次，当老板问及他对公司有什么建设性意见时，理查德不加思索地说："公司经常要把一些零部件拿到外面去油漆，这样浪费了成本不说，每次油漆的质量也不怎么样，如果公司能成立一个专门的油漆部门，那么，这个问题便能很好地解决。"

老板笑着说："这简直太难了吧，买设备倒是小事，但我们去哪里找那些优秀的油漆工呢？"

理查德说："用不着找了，你面前就有一个。"

于是，接下来，理查德道明了自己的想法，以及自己过去的经历，他还说，自己想招收一些年轻人，由自己亲手培训。这个想法打动了老板，于是，老板当即决定，成立油漆部，由理查德任经理兼技师。

回家后，理查德兴冲冲地告诉父亲自己提升了。听完儿子的话，老父亲半天没说出话来，他当然反对儿子这么做，但他也知道，自己是阻止不了儿子的。事实证明，理查德是对的，经过几年的经营，这个油漆部的工作非常出色，白宫有些用品都指定在这里加工。

为什么理查德的故事在哈佛大学被广为传诵？因为哈佛希望学生们能明白，一个人，只有走自己的路，坚持自己的想法，才能真正走出一条与众不同的康庄大道。

一个人，活着就必须要活出自我，要有自己的主张，这样才能维持一个人的格调。一般人都只有“偏见”，而少有“主张”，尤其是自己独一无二的“主张”，所以难有吸引人的“特质”。

我们不难发现，那些真正的成功者多半都是特立独行的，在追求成功的道路上，他们也听到了来自各方的反对的声音，但他们始终坚持自己的信念，无论别人反对的态度有多么强烈，他们都坚持自己的意见，这才使他们有了更大的成就。

其实，许多事例证明，别人给予你的意见和评价，往往不是正确的。

音乐家贝多芬在拉小提琴时，他宁可拉自己的曲子，也不愿做技巧上的变动，为此，他的老师曾断言他绝不可能在音乐这条道路上有什么成就。

20世纪最伟大的科学家爱因斯坦4岁时才会说话，7岁才会认字，老师给他的评语是“反应迟钝，不合群，满脑袋不切实际的幻想”。

大文豪托尔斯泰读大学时因成绩太差而被劝退学。老师认为他“既没读书的头脑，又缺乏学习的兴趣”。

如果以上诸位成功人士不是走自己的路，而是被别人的评论所左右，那他们就不会取得举世瞩目的成就。

因此，人生路上，我们不必过于在意别人的看法。用心思考，你会发现，任何一个成功的故事无不来自一个伟大的想法，来自坚持自己内心的声音。

心有梦想，就能找到自己的方向

在刘易斯·卡罗尔的作品《爱丽丝漫游奇境记》中，有这样一段猫和爱丽丝的对话，十分有趣：

“请你指点我，我要走哪条路？”

猫回答爱丽丝：“那要看你想去哪里？”

“去哪儿无所谓。”爱丽丝回答。

“那么走哪条路也就无所谓了。”猫说。

这一对话寥寥数语，但却耐人寻味。任何人，在心中无梦想、无目标的情况下，自己不知道该怎么走前面的路，别人也无法帮助你，当自己没有清晰的梦想时，也就没有努力的方向。

我们在生活中也经常听到人们说：“思想有多远，就能走多远。”这句话虽然有点夸张，但确实道出了思想对行动的指导作用。同样，一个人能走多远，关键也取决于我们的思想，也就是说你是谁不重要，重要的是现在你正在为成为谁而努力，如果你心有梦想，就能找到自己的方向，就能制订出明确的目标，并为实现自己的目标而奋斗，才能成为你想成为的人。

下面一个简单的故事，蕴含了一个深刻的道理，它告诉我们——梦想对于一个人的行动和未来是多么重要。

很久以前，在一个偏僻的小山村里，有一对堂兄弟，他们年轻力壮，雄心勃勃。他们渴望成功，希望有一天能够成为村里最富有的人。

一天，村里决定雇用他们二人把附近河里的水运到村广场的水缸里去。这对他们来说真是一份美差，因为每提一桶水他们就能赚取一分钱，这在小镇来说是最好的工作了。两个人都抓起两只水桶奔向河边。

"我们的梦想实现了！"表哥布鲁诺大声地叫着，"我们简直无法相信我们的好福气。"

但是表弟柏波罗不是非常确信。他的背又酸又痛，提那重重的大桶的手也起了泡。他害怕明天早上起来又要去工作。他发誓要想出更好的办法。

几经琢磨之后，表弟决定修一条管道将水从河里引到村里去。他把这个主意告诉了表哥，但是表哥觉得他们现在做着全镇最好的工作，不愿意花那么长的时间去修一条管道。

柏波罗并没有气馁，他每天用半天时间来提水，半天时间修管道，并且始终耐心地坚持着。

布鲁诺和其他村民开始嘲笑柏波罗。布鲁诺赚到比柏波罗多一倍的钱，他很快买了一头驴，配上全新的皮鞍，拴在他新盖的二层楼旁。他买了亮闪闪的新衣服，在乡村饭店里吃可口的食物。村民们称他为布鲁诺先生。当他坐在酒吧里，为人们买上几杯，而人们为他所讲的笑话开怀大笑。

当布鲁诺晚间和周末睡在吊床上悠然自得时，柏波罗还在继续挖他的管道。头几个月，柏波罗的努力并没有多大进展。他工作很辛苦，比布鲁诺的工作更辛苦，因为柏波罗晚上和周末都在工作。

一天天，一月月过去了。表弟柏波罗仍然没有放弃，完工的日期越来越近了。

偶尔，柏波罗闲下来的时候，他看了看布鲁诺，他发现，布鲁诺还在费劲地运水。布鲁诺似乎一下子苍老了很多，背都驼了，步伐沉重起来了，并且，他开始产生抱怨情绪，总是气呼呼的，他不想就这样一辈子运水。

布鲁诺再也不会因为他有大把的时间在吊床上睡觉而感到惬意了，他喜欢泡在酒吧里，现在，当布鲁诺出现的时候，人们都会在背地里议论他："提桶人布鲁诺来了。"那些无聊的醉汉还模仿布鲁诺驼着背走路的样子，布鲁诺羞愧难当，也不再给别人买酒，那些曾经的笑话现在在他看起来就是最大的讽刺。

而此时，表弟柏波罗正在接近成功，很快，管道完工了！

村民们纷纷前来看新管道是怎样运行的，他们看到，清澈的水从管道流入水槽里，整个村庄都有了新鲜的水，因为这条管道，其他村庄的人也都陆续搬到这个村来。

管道一完工，柏波罗不用再提水桶了。无论他是否工作，水都会源源不断地流入。他吃饭时，水在流入。他睡觉时，水在流入。当他周末去玩时，水在流入。流入村子的水越多，流入柏波罗口袋里的钱也越多。

管道人柏波罗的名气大了，人们称他为奇迹创造者。

人们常说，鱼与熊掌不可兼得，其实，做任何事情都是如此，想要日后达成目标，现在就要忍受痛苦。

的确，梦想可以燃起一个人的所有激情和全部潜能，载他抵达辉煌的彼岸。我们每个人，都要在年少时就为自己树立一个梦想，而最重要的是，无论你拥有什么样的理想，都不要轻易舍弃它。只有坚持，你才能最终用自己的力量去创造自己美好的人生。

也许你现在还站在穷人的行列，被周围的人嘲笑，也许你受了很多痛苦，但无论你遇到什么，如果你内心有目标，就绝不可轻言放弃。

用心飞到自己的梦想之地

美国著名作家杜鲁门·卡波特说：“梦是心灵的思想，是我们的秘密真情。”梦想对于每个人来说，都有一种巨大的魔力，能够不断地召唤着我们前进，寻找着心中的远方。无论自己的梦想是多么模糊，不管自己的梦想是多么地不可思议，年轻人都要听从心中梦想的召唤，紧紧跟随着它，坚持不懈地走下去，那梦想就会变成现实。“永不放弃”是梦想成真的信念，只有不懈地坚持，自己的梦想才能成就辉煌。有人认为，梦想是一种虚无缥缈的东西，并没有什么作用。其实，这种想法是错误的，梦想能够使人产生一种力量，一种信念，更重要的是，梦想能够成为现实。马云最初梦想着创建阿里巴巴的时候，有人甚至讽刺他：“你要是能创建阿里巴巴，轮船都能开到喜马拉雅山上去。”然而，马云并没有放弃自己的梦想，他凭着不懈的精神，不但成功地创建了阿里巴巴，而且使阿里巴巴成为世界五大网站之一，最终到达了自己心中的远方。

赛尼·史密斯6岁的时候，在威灵顿小学读一年级。一天，老师玛丽·安小姐给学生们布置作业，让大家说出自己未来的梦想，班上同学十分踊跃，纷纷说出自己的梦想。特别是赛尼，他一口气就说出两个梦想：拥有一头属于自己的小母牛，另一个就是去埃及旅行。但是，班里有一个叫杰米的男孩子一下子没想出自己未来的梦想，因为他能想到的，别人都已经说了。为了让杰米拥有一个自己的梦想，玛丽·安小姐建议杰米向同学购买一个，在老师的见证下，杰米花了3美分向赛尼购买了一个梦想，也就是“去埃及旅行”。

40年过去了，赛尼·史密斯已经到了中年，在过去的日子里，赛尼去过了许多国家，如丹麦、希腊、中国、日本，然而，他从来没有去过埃及。难道赛尼不想去埃及吗？赛尼说：“自从我卖掉去埃及的梦想之后，我就从来没有忘记过这个梦想。但是，作为一个虔诚的基督教徒来说，我不能去埃及，因为我已经把这个梦想卖掉了。”带着强烈的愿望，赛尼决定赎回自己的梦想，因为他觉得只有这样，自己才能心安理得地踏上那片土地。但是，赛尼·史密斯没能如愿以偿，因为联邦法院认定，那个梦想现在已经价值3000万美元了。

而作为购买赛尼梦想的杰米，在这40年来，他怀揣着梦想考上了华盛顿大学，鼓励儿子考入斯坦福大学。在梦想的感召下，杰米的人生获得了极大的成功，他在芝加哥拥有6家超市，总价值超过了2500万美元。杰米说：“如果我没有那个去埃及旅行的梦想，我是绝对不会拥有这些财富的。”梦想对于杰米而言，已经成为生命里不可分割的一部分。

花上3000万美元赎回一个以3美分卖出去的梦想，这在许多人看来都是不可思议的。但是，对于赛尼来说，即使倾家荡产，自己也要赎回那个梦想，因为他知道，人的一生中最珍贵的东西就是梦想，那预示着前进的方向。也许，年轻人内心也有着这样或那样的梦想，然而，在追逐梦想的过程中，挫折与困难无所不在，也很容易就会放弃，最终与梦想失之交臂。其实，梦想是年轻人生命中最珍贵的一部分，我们应永不放弃自己的梦想，用心飞到梦想之地，让生命绽放别样的光芒。

一位穷苦的牧羊人带着两个年幼的儿子，依靠为别人放羊来维持生活。有一天，父亲带着儿子赶着羊来到一个小山坡，他们看到了一群大雁，鸣叫着从天上飞过，并很快从视野中消失了。小儿子问父亲："大雁要往哪里飞？"牧羊人回答："为了度过寒冷的冬天，它们要去一个温暖的地方安家。"大儿子眨着眼睛羡慕地说："要是我们也能像大雁一样飞起来就好了，那我就要比大雁飞得还要高，去天堂看望妈妈。"小儿子也对父亲说："做一只会飞的大雁多好啊！可以飞到自己想去的地方，那样就不用放羊了。"牧羊人沉默了，然后对儿子们说："如果你们想，你们也会飞起来的。"两个儿子试了试，但并没有飞起来，他们疑惑地看着父亲。

牧羊人说："看看我是怎么飞的吧。"可是，他也没能飞起来，但是，他却肯定地告诉两个儿子说："可能是因为我的年纪太大了，才飞不起来，你们还小，只要不断地努力，就一定能飞起来，去你们想去的地方。"从此，在兄弟俩心中有了一个飞翔的梦想，长大后他们终于飞起来了，他们就是美国的莱特兄弟。

黎巴嫩著名诗人纪伯伦曾说："我宁可做人类中有梦想

和完成梦想愿望的、最渺小的人，而不愿做一个最伟大的无梦想、无愿望的人。”人类最可贵的本能就是对未来充满梦想，我们不仅要种下梦想的种子，而且应该让梦想的种子长成参天大树。所以，年轻人，不要放弃自己的梦想，用心灌溉，寻找心的远方，总有一天，梦想会变成现实。

中国探险家余纯顺在临行罗布泊时曾说：“我也许真的会失败，但我不能放弃这个梦想，就是失败，我也要当失败的英雄。”梦想是年轻人未来的目标，是不懈奋斗的动力。在这个世界上，自己身在何处并不重要，重要的是我们应该朝着什么样的方向前进，一旦放弃了梦想，就意味着放弃了前进的方向。所以，怀揣着梦想前进吧，用心飞到自己的梦想之地！

第2章

你在努力，比你优秀的人也同样在努力

我们都已经认识到，人生路上，除了拼搏和努力能实现梦想外，别无他法，那些成功者无不是付出了比别人更多的努力，与勤奋和努力相对的，就是懒惰。我们发现，生活中，一些人混混噩噩，有的人寄希望于明日，总是幻想美好的未来；而更多的人虽极想克服这种行为，但往往不知道如何下手，因而得过且过，日复一日。但实际上，只有那些能与惰性做斗争并最终克服惰性的人，才与成功有缘。

你不努力，就没有资格抱怨

生活中，有很多人抱怨自己运气不够好，不管有什么好事情都轮不到头上；还有人抱怨自己得到的太少，父母没有权势，亲戚朋友也帮不上什么忙。还有些人自认为很努力，却总觉得自己的付出没有得到应有的回报，而那些看似漫不经心的人，却总是能够得到命运的青睐，轻而易举就能拥抱别人想要的一切。如此的抱怨，说得多了，未免让人心生厌烦。就像祥林嫂一样，命运的确悲惨，却没有人愿意永远被掩埋在她的悲情之中。

那些抱怨自己努力了却收获很少的人，不如从现在开始就反思自己，你真的足够努力吗？你看到别人的光鲜亮丽，看到别人顶着成功的光环，只是你从未看到别人在背后默默付出的努力。人生，永远是一分耕耘，一分收获，谁也不能得到命运意外的馈赠。如果你努力得不够，你自然也就无法像别人一样成功。当你抱怨命运不公时，命运其实在以独特的方式显示它的公平。当你不够努力时，千万不要大言不惭地抱怨，因为你根本没有抱怨的资格。

史泰龙出生在纽约的贫民窟，因为出生时难产，医生情急之下操作失误，他的左脸颊有一些肌肉瘫痪了，导致他整个左脸都下垂，说话的清晰度也受到影响。他的家庭并不幸福，他的父亲是个酒鬼，只会喝醉酒赌钱，稍不顺心就殴打他的母亲。因为长期受到虐待，他的母亲也开始酗酒，常常在醉酒之后把他打得皮开肉绽、血肉模糊。就是在这样一个连基本生活都无法维持的家里，史泰龙却有一个天大的梦想，那就是长大之后去演电影，成为人人羡慕的大明星。对于这个衣不蔽体的小孩而言，这个梦想简直就是白日做梦。即使长大之后，他也根本没有足够的钱为自己买一身像样的西服。他，如何走向成功呢？他默默告诉自己：为了改变命运，我必须成功，我只能成功！

那个年代的好莱坞拥有500家电影公司，为了实现自己的演员梦，史泰龙把这些公司的名称、地址全都整整齐齐地抄下来，然后规划好路线，根据名单的次序挨家进行拜访。很快，勤奋的他就把500家公司全都拜访了一遍，但是没有任何公司对他表现出兴趣。被500家公司拒绝，这是多么让人沮丧的事情啊！然而，史泰龙并没有放弃。当他被第500家公司拒绝走出来时，有人指出了他说话口齿不清的致命缺点。为了让自己变得口齿清晰，他每天都把一个小石块放到舌头下面，苦练说话的基本功。等到他终于能够口齿清晰地表达之后，他马上开始又一轮拜访。遗憾的是，和第一轮拜访一样，他再次被500家公司拒绝了。史泰龙还不气馁，继续寻找原因，成功为自己增重将近50斤，只为了让自己看起来强壮些。很快，他带着梦想又开始第三轮拜访，又是全军覆没。最后，一个好朋友看到史泰龙如此执着，建议他带着剧本去尝试，这样也许能被录用。

为此，他废寝忘食，用了三天完成了《洛奇》的创作。很快，他就带着剧本开始了第四轮拜访。终于，在拜访到第350家电影公司时，他的剧本被看中，并且要求以7500美元的价格出售。虽然史泰龙已经三天都没钱吃饭了，但是他还是义无反顾地拒绝了这家公司的请求。直到第1855次之后，史泰龙才得到一个曾经20多次拒绝他的导演的认可。在史泰龙的争取下，这个导演同意由史泰龙担任《洛奇》的主演，但是只愿意支付2.3万美元的报酬给他。正是这个契机，打开了史泰龙的人生。从此之后，史泰龙成为红遍整个好莱坞的巨星。

你曾经被拒绝1854次，却依然有勇气去进行第1855次拜访吗？如果你不能，那么就不要说史泰龙是因为好运，才成为大明星的。对于很多普通人而言，别说一千多次的拒绝了，也许只被他人拒绝一次，就会觉得万分沮丧，甚至完全放弃再次尝试。既然如此，那你就不要抱怨机会从不青睐你，因为机会总是在无数次失败之后才姗姗来迟的。不是机会不青睐你，而是你没有足够的耐心等到机会的降临。想一想吧，1855次的拒绝，史泰龙需要多么顽强的毅力，才能坚持到柳暗花明的那一刻。

很多时候，努力不仅仅表现为付出，也表现为坚持。对于任何人而言，机会都是平等的，区别在于你能否成功地抓住机会，熬到成功的到来。虽然我们都是普普通通的人，我们的人生也没有多么出色和精彩，但是每个人都有自己的命运，也有相对自己而言的成功。从这个意义上来说，我们应该努力地拼搏，这样才能最终成就我们自己。从现在开始，不要再抱怨任何事情。因为一切的抱怨都于事无补，反而会使事情朝着更糟糕的方向发展。如果你真的渴望成功，如果你真的想活出属于自己的精彩，就从现在开始加倍努力吧！当你努力，当你坚持，当你不放弃，成功就会离你越来越近！记住，不够努力的人永远无权抱怨。

多吃点苦，凡事靠自己

古话说："艰难困苦，玉汝于成。"任何人，要想成才、成功，不回避"艰难困苦"，方能"玉汝于成"。所以，在日常生活中，我们要学会吃苦，在必要的"穷"和"苦"中得到锤炼，懂得以艰苦奋斗为荣，以骄奢淫逸为耻，方能体会到靠自己的努力争取得来的快乐，也才懂得珍惜。

我们知道，历史上有名的"扶不起的阿斗"，其实，他的昏庸无能很大一部分就是因为缺乏锻炼的机会，闹下了"乐不思蜀"的笑柄。

刘备去世后，他的儿子刘禅顺利登基，成为新一代蜀国皇帝。刘禅有个小名叫阿斗，他是个昏晕无能的人。刘备死前，曾经将刘禅交给诸葛亮辅佐，因此，一段时间以内，蜀国还是没有什么大问题，但诸葛亮等一些贤人死后，刘禅很快就被魏国俘虏了。

蜀汉被灭之后的一段时间内，刘禅都留在成都，后来，魏国司马昭觉得不妥，便把他转移到了洛阳。

刘禅到了洛阳，便被司马昭封为安乐公，并且，与他同行的蜀汉大臣也被封了侯。司马昭这样做，无非是为了笼络人心，稳住对蜀汉地区的统治。但是在刘禅看来，却是很大的恩典了。

有一次，司马昭大摆酒宴，也邀请了刘禅以及以前蜀汉的旧臣。席间，司马昭叫来了一些歌女出演蜀国歌舞，众大臣纷纷有所感触，想起了亡国之痛，有的还流下泪来，但唯独刘禅，好像在自己的行宫一样毫不动容。

这一切，都被司马昭看在眼里，宴会后，他对贾充说："蜀国出现刘禅这样无能的君主实在可笑，没心没肺到这步田地！想来，即使诸葛亮再世，也无力维持蜀汉的政权了。"

过了几天，司马昭在接见刘禅的时候，问刘禅说："您还想念蜀地吗？"

刘禅乐呵呵地回答说："这儿挺快活，我不想念蜀地。"

刘禅的懦弱无能其实和诸葛亮有很大的关系，刘备在世时，诸葛亮便拥有一切大权，丝毫没有给刘禅任何锻炼的机会，刘备死后，阿斗17岁，正是长见识增才智的时候，而诸葛亮却包揽一切，阿斗仍然是"温室中的花朵"，诸葛亮一死，阿斗便六神无主了。

其实，之所以要强调不能丢下吃苦的这一品德，是为了对年轻人意志品质的磨砺、锻炼、培养，我们发现，那些功成名就的伟大人士，无不饱经了生活的苦难和精神的洗礼从而获得了意志和能力上的一种升华，而恰恰相反，那些衣食无忧、受人百般呵护的人或多或少都有些性格、品行甚至价值观上的缺陷，蜜罐里长大的人弱点多。

的确，现实生活中，一些年轻人不愿吃苦，是和他们的生活环境与家庭教育有关系的，因此，从年轻人自己的角度看，要想从吃苦耐劳的过程中有所收获，就应该将吃苦融入日常生活中，无论在生活、工作上还是学习上，多吃点苦，凡事靠自己，会对你有所帮助的。

香港特别行政区原首席行政长官董建华是世界船王董浩云的儿子。在香港，董浩云是首屈一指的大富豪，但在子女的教育上，他却一直很严格，从不娇惯孩子。

正因为父亲严格的教育，董建华从很小就很节俭，读书期间，他每天都会乘坐公交车往返于家和学校之间，从不会因为自己是富豪的儿子而觉得高人一等。

毕业以后，所有人都会以为他会接手父亲的生意，但没想到，他会接受父亲的安排，进入了美国通用汽车做了一个普通的职员。

父亲告诉董建华：“小华，我不怀疑你是个有理想的人，但我担心你的刻苦精神不够，你不要想到自己有依靠，你必须自己主动去找苦吃，磨炼自己的意志，接受生活对你的种种挑战，并战胜它。”

董建华听从了父亲的话，在通用的4年，他认认真真、勤勤恳恳，不仅学到了先进的管理经验，还学会了怎么与人打交道，也培养了吃苦耐劳的精神，为今后的事业打下了坚实的基础。

的确，现实生活中，一些人不愿吃苦，是和他们的生活环境与家庭教育有关系的，因此，从我们自己的角度看，要想从吃苦耐劳的过程中有所收获，就应该将吃苦融入日常生活中。

石油大王洛克菲勒曾说："人要有远见，只有长时间的吃苦，才有长时间的收获。"诚然，没有人希望自己吃苦，但"吃苦所得到的，是将你的事业大厦建立在坚实的地面上，而不是流沙里"。也就是说，一个人只有经历吃苦，具备了实际的行动能力，才能真正经受住追求目标路上出现的艰难困苦，才能真正获得成功。生活中的人们，也许你毕业于名牌大学，或许你含着金汤匙出生，但如果你想最终做出一番成就，你就必须抛却那些光环，并将所学知识运用到实践中。

洛克菲勒还曾说："实行能力从哪里来呢？在我看来它就潜藏在吃苦之中。我的经验告诉我，吃点苦、经历一些艰辛和失败，不仅会铸就我们坚强的性格，我们赖以成就大事的实行能力亦将应运而生。经历过苦难的人，有努力改变现状的决心，知道如何在困境中寻找解决的方法，让自己得救。处心积虑地去吃苦，是我笃信的成功信条之一。

"也许你会认为我很可笑，怎么会有人想吃苦，但其实，没有吃过苦的人才更不幸，很多事情都是来得快去得也快，那些过早成功、一夜暴富的人，不是有很多都最后销声匿迹了吗？人只要有远见，乐于吃苦，最终会有所收获。”

从洛克菲勒的话中，我们不难看出，他是个有远见的人，他能看到吃苦带来的意义。

当然，你并不需要在生活中刻意让自己受苦，吃苦是一种心理承受力。人在艰苦的环境中，战胜的不是环境，而是自己。“逼”自己去吃苦，忍耐力就会降到最低点，不仅不能磨炼自己的意志，还会产生受挫意识。

珍惜时间，保持勤勉的态度

日本女作家吉本芭娜娜出版了40本小说和近30本随笔集，《鲤》杂志曾采访过她：“许多女人生了小孩之后就没有闲暇时间了，您现在有了孩子，是如何抽出时间来写作呢？”吉本芭娜娜说：“确实没什么时间，但是我一直在拼命。为了争取多一点的写作时间，每天我都在与时间赛跑，最夸张的时候，你能想象吗？我几乎是站着吃饭。”估计许多年轻人看到这里会感到羞愧吧，比起吉本芭娜娜，许多人总是感慨自己时间不够、事情做不完，却从来不去利用那些零碎的时间。

洛克菲勒就是一位工作异常勤奋的人。一天24个小时中，他的工作时间一般都在十五六个小时，占一天的大半时间。而有的时候，他甚至可以一天工作十八九个小时。有人给他计算了一下，他的一生中平均每周工作76个小时，只休息很短的时间。经常是别人已经下班了，他还在勤奋地工作。他常常对别人说："如果你什么都不想干，那一天工作8个小时就可以了，可是如果你想干点什么，那么当别人下班的时候，正是你工作的时候。"别人问他："你怎么能一天工作20个小时？"他却说："一天工作20个小时怎么可以，我需要一天工作48个小时。"当人们看到他的时候，他总是在不停地忙于工作。于是凡是认识他的人都说洛克菲勒只有睡觉和吃饭的时候不谈工作，其余时间他都是泡在工作里。这位世界级的大富翁就是这样紧张而勤奋地工作着的，所以他才取得了举世瞩目的成就。

洛克菲勒之所以能够获得成功，就在于他始终如一地保持勤勉的态度，从来不以忙和没时间作为借口。他的勤勉已经成为顽强的奋斗，在他的眼里，一天24小时都已经不够用了，他希望能在一天内工作更长的时间。犹太人认为，只有勤勉的人才能够尝到胜利的果实，只有勤勉的人才能够得到命运的眷顾。而洛克菲勒用自己的实际行动证明了这样一个道理，如果你是一个做事勤勉的人，那么成功就已经离你不远了。

美国职业篮球协会1994年至1995年赛季的最佳新秀杰森·基德，谈到自己成功的历程时说："我小时候，父亲常常带我去打保龄球。我打得不好，总是找借口解释为什么打不好，而不是去找原因。父亲就对我说'别再找借口了，这些不是理由，你保龄球打得不好是因为你总说没时间练习’。他说的对，现在我一发现自己的缺点便努力改正，绝不找借口搪塞。”达拉斯小牛队每次练完球人们总是看到有个球员在球场内奔跑不辍一小时，一再练习投篮，那就是杰森·基德，因为他是一个为成功寻找理由的人。

成功与失败看起来似乎有天壤之别，但促成它们形成的原因，或许就是一些小小的细节，小小的习惯，如常常为自己没有完成的事情而寻找借口，而大部分的借口则是“我很忙”“我没时间”。失败是没有任何借口的，失败了就是失败了，我们在接受失败这个事实的同时，需要反省自己，而不是为失败寻找借口。当然，成功并不是那么随随便便轻易就达到的，我们必须付出艰辛的努力，在成功的道路上，我们要不断为之寻找理由，那些坚持、付出的汗水与艰辛都可以铸就最后的成功。

年轻人关于自己的未来总会有很多规划，但当他们未能完成时总向别人推诿：“我最近很忙，根本没有时间。”迟迟不见有行为，但是如果你想有所获得，有所成就，做哪一件事不会耗费时间呢？我们所经常看到的优秀年轻人，举手抬足优雅，且写得一手好字，当你在羡慕对方的时候，是否想起对方为了培养仪态、练字，一个人度过了多少沉默时光呢。忙和没时间是最烂的借口，因为每个人的时间都是公平的，之所以会抱怨没时间，不过是因为你在其他事情上浪费了时间。

财经作家吴晓波说：“每一件与众不同的绝世好东西，其实都是以无比寂寞的勤奋为前提的，要么是血，要么是汗，要么是大把大把的曼妙青春好时光。”如果年轻人倾力付出自己的努力，那早晚会从量变到质变，你现在每走的一个脚印，都会成为将来实现人生飞跃的跳板。年轻人总会订下许多计划，看书、运动、旅行等，不过常常因没有时间而不得不放弃。难道你的生活真的有那么忙吗？真相到底如何心知肚明，别总以忙和没时间当借口，那不过是在为自己的懒惰找理由而已。你若坚持努力，一定会发光，因为时间是所向披靡的武器，聚沙成塔，将人生一切的不可能都变成可能。

相信梦想，努力比任何东西都来得真实

许多年轻人觉得自己很平凡，能力很普通，先天条件的欠缺导致他们对自己丧失了信心，在他们看来，不管自己如何努力，最终都只会成为一个平庸的人。既然抱着这样的想法，他们就不想去努力，浑浑噩噩地生活着，甚至有的人选择了自甘堕落的生活。然而，年轻人浑然忘记了成功的路从来不是一帆风顺的，许多人也曾迷茫过，也曾不知道未来究竟在哪里。但是，他们却以自己成功的经历告诉我们：相信梦想，梦想自然会回馈于你，努力比任何东西都来得真实，用坚韧换机遇，用时间换天分，哪怕走得很慢，但终会抵达。

有一个孩子想不明白自己的同桌为什么每次都能考第一，而自己每次却只能排在他的后面。

回家后他问道："妈妈，我是不是比别人笨？我觉得我和他一样听老师的话，一样认真地做作业，可是，为什么我总比他落后？"妈妈听了儿子的话，感觉到儿子开始有自尊心了，而这种自尊心正在被学校的排名伤害着。她望着儿子，没有回答，因为她不知道该怎么样回答。又一次考试后，孩子考了第20名，而他的同桌还是第一名。回家后，儿子又问了同样的问题。她真想说，人的智力确实有高低之分，考第一的人，脑子就是比一般人的灵。然而这样的回答，难道是孩子真想知道的答案吗？她庆幸自己没说出口。

应该怎样回答儿子的问题呢？有几次，她真想重复那几句被上万个父母重复了上万次的话——你太贪玩了；你在学习上还不够勤奋；和别人比起来还不够努力……以此来搪塞儿子。然而，像她儿子这样脑袋不够聪明、在班上成绩不甚突出的孩子，平时活得还不够辛苦吗？所以她没有那么做，她想为儿子的问题找到一个完美的答案。

儿子小学毕业了，虽然他比过去更加刻苦，但依然没赶上他的同桌，不过与过去相比，他的成绩一直在提高。为了对儿子的进步表示赞赏，她带他去看了一次大海。就在这次旅行中这位母亲回答了儿子的问题。

母亲和儿子坐在沙滩上，她指着海面对儿子说："你看那些在海边争食的鸟儿，当海浪打来的时候，小灰雀总能迅速地飞起，他们拍打两三下翅膀就升入了天空；而海鸥总显得非常笨拙，它们从沙滩飞向天空总要很长时间，然而，真正能飞跃横过大洋的还是它们。”

“海鸥总显得非常笨拙，它们从沙滩飞向天空总要很长时间，然而，真正能飞跃横过大洋的还是它们。”平凡又怎样，不起眼又怎样，只要你努力，一样可以飞过大洋。当我们在讨论这个问题的时候，年轻人应该反思的是自己是否努力过，如果你连努力都不曾有，又何必抱怨这个社会太现实呢？

我们都听过龟兔赛跑的故事，兔子机灵，跑得快，它以为自己胜券在握，所以它安心地睡起了大觉。谁知道看起来慢吞吞的乌龟却以自己百倍的努力以及坚持不懈的精神最先达到了终点。谁能笑到最后，还真是不一定。

大学毕业后，威廉的求职战役正式打响了，他向大部分知名企业投递了20多份简历。那真是一段不堪回首的岁月，他天天跑招聘会，但自己的努力却看不见任何回应，那些投递出去的简历石沉大海杳无音讯。好不容易有一家公司通知面试，也以失败告终。

威廉在笔试上失意过，在群面时因插不上话而被刷掉，和许多求职的年轻人一样，他曾经历过低谷期，但他始终努力着。遇见太多糟糕的事情，他反而觉得一切都会慢慢好起来；情绪太过糟糕，他反而知道应该如何来梳理情绪；了解了自己的缺点之后，他反而知道什么工作才是最适合自己的。在每一次求职失败后，威廉都会反思自己的缺陷和不足，总结失败的经验，从来没有放弃过努力。

威廉说：“天赋决定了一个人的上限，努力则决定了一个人的下限。”许多年轻人根本没有努力到可以拼搏天赋，就已经放弃了，威廉深知自己没有一步登天的天赋，所以只能用努力的时间来换取天分。

当然，最后威廉如愿找到了一份好工作，但这与他平时的努力是分不开的。

成功恰巧就是运气撞到了努力而已，努力永远不会有错，即便现在无法感受到努力的回报，但未来的一天你总会获得回报。选择自己喜欢的事情，然后努力到坚持不下去为止，相信梦想，更要相信努力，因为遗憾比失败更可怕。当年轻人在追逐梦想的时候，这个世界总会制造许多挫折与困难来阻挡你，残酷的现实会捆住你的手脚，但其实这些都不重要，重要的是你是否有努力到底的决心。

平庸并不可怕，可怕的是永远平庸。既然上帝没有给予天赋，那我们就用后天的努力来弥补。越努力越幸运，如果你觉得自己平凡，那就用努力换天分。当然，在这个过程中，我们要始终相信努力奋斗的意义，让未来的你，感谢现在拼命努力的自己。坚持不懈可以让你在失去动力的时候帮助你继续你的行动，这样可以让结果渐渐好转。所以，保持你的努力，你最终会得到回报的，这个回报可以为你带来强大的动力。

努力，终究让你实现由平凡到优秀的蜕变

雄心，与梦想、理想相比，它有具体目标。想当主管叫进取心，想当总经理就是有雄心了。与上进心、进取心相比，雄心的目标远大。如果说努力是为了让自己的才华配得上雄心，那雄心的存在就是促使不断努力的基石。

美国历史上最伟大的总统罗斯福，从小就患有小儿麻痹症，行动不便。像这样一个人，他通过比常人更加艰苦努力的奋斗，在美国获得广泛的人心与支持，成为美国历史上唯一一位连任四任的总统，四次实现了孩提时的雄心！有梦想，就应该有雄心。伟大的人物在雄心的催促下成就其伟大，对于普通人来说，雄心的力量又如何呢？

美国的大富豪洛克菲勒给儿子约翰的信中说：

“老实说，我很有雄心，从小我就想成为巨富。对我来说，我受雇的休伊特·塔特尔公司是一个锻炼我的能力，让我一试身手的好地方。它代理各种商品销售，拥有一座铁矿，还经营着两项让它赖以生存的技术，那就是给美国经济带来革命性变化的铁路与电报。它把我带进了妙趣横生、广阔绚烂的商业世界，让我学会了尊重数字与事实，让我看到了运输业的威力，更培养了我作为商人应具备的能力与素养。所有的这些都在我以后的经商中发挥了极大效能。我可以说，没有在休伊特·塔特尔公司的历练，在事业上我或许要走很多弯路。”

据一项调查报告显示，雄心，在成功人士身上得到了淋漓尽致的体现！成功者的一个共同的特点，就是都有着自命不凡的心态和雄心!“世界最优秀的人才是我们！”“我能成为世界上最大、最好的公司的CEO！”这种雄心，成为其宝贵财富。

人类拥有巨大的潜能，而这种潜能的激发，在很多时候都来自一种强烈的追求，来自雄心的刺激。亲爱的朋友，我们不可能都到哈佛受到良好的教育，但我们却能有和哈佛毕业生一样的自命不凡的心态和雄心！对于一个有雄心壮志的人来说，他具有超越常人的忍耐力和拼搏的精神，也正因为此，他们才更容易做最好的自己。

在美国，有一群贫穷孩子，他们从未离开过自己生活的小镇，但他们为这样的梦想而激动——“我们要周游世界！”

这些靠救济生活的孩子打算通过在报上刊登募捐广告来筹集旅费。但是，高达1.2万美元的广告费从何而来？沉浸在梦想中的孩子们，为实现自己的愿望，开始寻找所有力所能及的杂活，比如洗车、卖报、卖花，一美分一美分地为实现梦想而挣钱。

媒体报道了孩子们的壮举，篮球名将迈克尔·乔丹为之深深感动，以圣诞老人的名义给孩子们寄来了一张1.2万美元的支票，孩子们精心设计的广告终于刊登出去了，结果他们收到了来自世界各地8000多封信，并且每天都有好心的捐款人出现。而让整个小镇沸腾的事是总统亲自来信，邀请孩子们去白宫做客！

毫无疑问，这是一个关于梦想的真实故事，也是一个关于雄心的故事。对于普通人来说，如果你终生没有雄心，可能会活得平安、平淡，但绝不会感受到较大的成功的喜悦和幸福，更感觉不到生活的价值。

美国《时代》杂志加拿大版刊文提到，美国加利福尼亚大学的心理学家迪安·斯曼特研究发现，“雄心”是人类行为的推动力，人类通过拥有“雄心”，可以有力量攫取更多的资源。“树立了志向后，如果有雄心，不管别人说什么都会忍耐，在忍耐中不断磨炼人格，就能成为人人羡慕的人。”这是井上笃夫在《飞得更高——孙正义传》一书中的一句话。

雄心，造就出许多伟大的人！出身贫寒的克林顿，17岁目睹了美国总统肯尼迪的风采。当总统肯尼迪握住这位阿肯色州小男孩双手的时候，他有了一个雄心，他要成为美国总统！20年后，雄心变成了现实！

当雄心与坚持、努力为伍，以踏实、上进为伴时，这样的一个人，怎么能不成就大业呢？有了梦想、有了雄心的年轻人，他们深切地感受到，在切切实实地为目标拼搏、奋斗的过程中，自己迈步的幅度逐渐加大，速率逐渐提升，在努力的过程中，慢慢地实现由平凡到优秀的蜕变。

第3章

去做啊，别总瞻前顾后

世界首富比尔·盖茨曾说过：“卖汉堡包并不会有损于你的尊严。你的祖父母对卖汉堡包有着不同的理解，他们称之为‘机遇’。”也有人曾经总结：“成功的人生，一言以蔽之：蓄势待发。”这句话应该成为每个正在倾尽全力为目标奋斗的人的人生格言。因为成功的秘密在于，当机遇来临的时候，你已经做好了把握住它的准备。当然，对于现在的你，你应该立即去做，别再瞻前顾后了，只有这样，你才更易受到机遇的垂青。

瞻前顾后，只会一事无成

在很多时候，我们都有着自己的想法：希望自己将来能像松下幸之助一样成为获得巨大成功的实业家，希望进入自己梦寐以求的公司，谋得一个称心如意的职位，等等。但是，最终，有的人能够实现自己的愿望，获得成功的人生；而有的人却不管怎么努力都达不到自己的理想，过着不幸福的日子。约瑟夫·墨菲说："决定你命运的绝不是才能，更不是环境和外在条件，而是你的思考方式，即你的想法。"从现在起，想象自己成为什么样的人，然后让这种"心想"成为一种习惯，在潜意识强大的力量之下，自己真的会成为想象中的人。你想成为什么样的人，就努力去成为这样的人；你想成就什么事业，就马上去行动。为什么不呢？因为年轻就是资本。

阿尔伯特·哈伯德出生于美国伊利诺州的布鲁明顿，父亲既是农场主又是乡村医生。年轻时的哈伯德曾在巴夫洛公司上班，是一名很成功的肥皂销售商，但是，他却对此感到不满足。1892年，哈伯德放弃了自己的事业进入了哈佛大学，然后，他又辍学开始到英国徒步旅行，不久之后，哈伯德在伦敦遇到了威廉·莫瑞斯，并喜欢上了莫瑞斯的艺术与手工业出版社。

哈伯德回到美国，他试图找到一家出版社来出版自己的那套《短暂的旅行》的自传体丛书，但是，他没有找到任何一家出版社。于是，他决定自己来出版这套书，他创建了罗依科罗斯特出版社，哈伯德的书出版之后，他成为既高产又畅销的作家。随着出版社规模的不断扩大，人们纷纷慕名而来拜访哈伯德，最初游客会在他家的四周住宿，但随着人越来越多，周围的住宿设施已经无法容纳更多的人了，哈伯德特地盖了一座旅馆，在装修旅馆时，哈伯德让工人做了一种简单的直线型家具，而这种家具受到了游客们的喜欢，哈伯德开始了家具创造业。哈伯德公司的业务蒸蒸日上，同时，出版社出版了《菲士利人》和《兄弟》两份月刊，而随后《致加西亚的信》的出版使哈伯德的影响力达到了顶峰。

有人说，阿尔伯特·哈伯德是无比传奇的一生，他之所以能在多方面都能获得成功，在于他从来都是想做就做，不断地朝着自己的一个又一个目标而努力奋进。阿尔伯特·哈伯德是一位坚强的个人主义者，一生坚持不懈、勤奋努力地工作着，成功对于他来说是理所当然的。在《致加西亚的信》中，阿尔伯特·哈伯德讲述了罗文送信这样一个情节："美国总统将一封写给加西亚的信交给了罗文，罗文接过信以后，并没有问'他在哪里'，而是立即出发。"犹豫、拖沓的生活态度，对许多人来说已经是一种常态，要想成为罗文这样的人，我们就应该马上去做，为什么不去做呢?

在麦克小学六年级的时候，由于考试得了第一名，老师送给他一本世界地图，麦克十分高兴，回到家就开始翻看这本世界地图。然而，很不幸的是，那天正好轮到他为家人烧洗澡水，他一边烧水，一边在灶间看地图。突然，麦克看到了一张埃及的地图，原来埃及有金字塔、尼罗河、法老王，还有许多神秘的东西，他心想：我长大以后一定要去埃及。麦克正看得入神的时候，爸爸走过来了，他大声对麦克说："你在干什么？"麦克说："我在看地图。"爸爸跑过来给了他两个耳光，然后说："赶快生火！看什么埃及地图！"然后，他又踢了他一脚，严肃地对麦克说："我给你保证！你这辈子绝不可能到那么遥远的地方！赶快生火！"

麦克呆住了，心想：爸爸怎么给我这么奇怪的保证，真的吗？难道我这辈子真的不能去埃及吗？20年后，麦克第一次出国就去埃及，朋友都问他："你到埃及去干什么？"麦克说："因为我的生命不要被保证。"麦克自己跑到了埃及，站在金字塔的最前面，他买了张明信片写给爸爸："亲爱的爸爸，我现在在埃及的金字塔前面给你写信，记得小时候，你打我两个耳光，踢我一脚，保证我不能到这么远的地方来。"

人生的精彩源于梦想的精彩，你的行为决定成就的高度。其实，我们每个人都是自己命运的设计师。人生的道路该如何去走，向着什么方向去走，最终要达到什么样的目标……所有这些问题都应该是我们自己的立场，而不需要被别人保证。如果我们想去做某件事情就去做，为什么不去呢？如果我们失去了尝试的勇气，那么一生也不会有什么大的作为。

许多年轻人总是说：“我想做……”但他们总是停留在口头表达，迟迟不肯行动，前怕狼后怕虎，想去做，但又担心失败，结果就卡在那里。多年后，依然是平平庸庸，事业也不见起色。实际上，年轻人因为有年轻的资本，哪怕失败了也可以一切重来。如果你总是犹豫不决，怕前怕后，那只会一事无成。所以，年轻人要珍惜自己的美好时光，想做就去做，为什么不呢？

年轻就是资本，大不了重头再来

从前有一头毛驴，它拥有两堆草料。它饿了，可是站在两堆草料中间，是去左边还是去右边呢？往左边走走……嗯，还是去吃右边的比较好；往右边走了几步……算了，还是去左边那堆好了。走走又回头，回头又走走，于是，这头幸运的、富有的毛驴，就这样在两堆草料间活活地饿死了。这个故事当然有点夸张，可是，不要说人就不会做这样的傻事。因为人比毛驴聪明，思考能力强，在前思后想中，更容易犹豫不决，失去机会。在生活中，有不少年轻人做事思前想后，顾虑太多，结果在犹豫不决中丧失了绝佳的机会，也失去了改变人生的机会。

安妮是哈佛大学里艺术团的歌剧演员，她有一个梦想：

大学毕业后，先去欧洲旅游一年，然后要在纽约百老汇占有一席之地。心理老师找到安妮说：“你今天去百老汇跟毕业后去有什么差别？”安妮仔细一想，说：“是呀，大学生活并不能帮我争取到去百老汇工作的机会。”于是，安妮决定一年后去百老汇闯荡，老师感到不解：“你现在去跟一年以后去有什么不同？”安妮想了一会儿，对老师说：“我决定下学期就出发。”老师紧紧追问：“你下学期去跟今天去，有什么不一样呢？”安妮有点眩晕了，她决定下个月就去百老汇。老师继续追问：“一个月以后去跟今天去有什么不同？”安妮激动不已，说：“给我一个星期的时间准备一下，我就出发。”老师步步紧逼：“所有的生活用品在百老汇都能买到，你一个星期以后去和今天去有什么差别？”安妮激动地说：“好，我明天就去。”老师点点头：“我已经帮你预订了明天的机票。”

第二天，安妮飞赴了百老汇，当时，百老汇的制片人正在酝酿一部经典剧目，许多艺术家都前去应聘。当时的应聘步骤是先挑出10个左右的候选人，然后，再要求每人按剧本演绎一段主角的对白。安妮到了纽约后，没有着急打扮自己，而是费尽心思从一个化妆师手里要到了剧本，在以后的两天时间里，她闭门苦练。到了正式面试那天，安妮表演了一段剧目，她感情真挚，表演惟妙惟肖，制片人惊呆了，当即决定主角非安妮莫属。

安妮到纽约的第一天就顺利进入了百老汇，穿上了她人生中的第一双红舞鞋，她的梦想实现了，她成为百老汇的一名演员。当然，她很快就实现了自己的梦想，尽管之前的她是犹豫的，不过她依然抓住了时间——马上出发。在生活中，许多追逐梦想的人总是磨磨蹭蹭，前怕狼后怕虎，结果硬生生地耽误了时间，错失良机。

有一天，老鼠大王召集了许多鼠族成员召开一次会议，大家围在一起商量如何对付猫吃老鼠的问题。当老鼠大王抛出了问题，老鼠们都积极发言、出主意、提建议，不过会议持续了很久，最终也没有找到一个可行的方法。

这时，一个平时被大家称为最聪明的老鼠对大家说："通过我们与猫多次作战的经验表明，猫的武功实在太高了，若是单打独斗，我们根本不是它的对手。我觉得对付它的唯一办法就是——预防。"大伙听了面面相觑，问道："怎么防呢？"这个老鼠狡黠地说："给猫的脖子上系一个铃铛，这样，猫一走铃铛就会响，听到铃声我们就躲藏到洞里，它就没有办法捉到我们了。"老鼠们听了都雀跃起来："好办法，好办法，真是个聪明的主意！"

老鼠大王听了这个办法以后，高兴得什么都忘记了，当即宣布举行大宴。可是，第二天酒醒了以后，觉得不对。于是，又召开紧急会议，并宣布说："给猫系铃铛这个方案我批准，现在开始就落实到具体行动中。"一群老鼠激动不已："说做就做，真好真好！"受到老鼠们的支持，鼠王问道："那好，有谁愿意去完成这个艰巨而又伟大的任务呢？”会场里一片寂静，等了好久都没有回应。

于是，老鼠大王命令道：“如果没有报名的，我就点名啦。小老鼠，你机灵，你去给猫系铃铛吧。”老鼠大王指着一个小老鼠说。小老鼠一听，马上浑身颤抖，战战兢兢地说：“回大王，我年轻，没有经验，最好找个经验丰富的吧。”接着，老鼠大王又对年纪稍大的鼠宰相发出命令：“那么，最有经验的要数鼠宰相了，您去吧。”鼠宰相一听，吓坏了胆，马上哀求说：“哎呀呀，我这老眼昏花、腿脚不灵的怎能担当得了如此重任呢，还是找个身强体壮的吧。”于是，老鼠大王派出了那个出主意的老鼠。这只老鼠“哧溜”一声离开了会场，从此，再也没有见到它。最终，老鼠大王一直到死，也没有实现给猫系铃铛的夙愿。

目标是否可以实现，关键在于是否及时行动。在任何一个领域里，不努力去行动的人，就不会获得成功。正所谓“说一尺不如行一寸”，任何希望、任何计划最终必然要落实到具体的行动中。只有及时行动才可以缩短自己与目标之间的距离，也只有行动才能将梦想变为现实。如果你只是心里想想，而总是考虑其他的因素，错过了及时行动的机会，那会后悔莫及。

人生有三大憾事：遇良师不学，遇良友不交，遇良机不握。很多人把握不住机遇，不是因为他们没有条件，没有胆识，而是他们考虑得太多，在患得患失间，机遇的列车在你这一站停靠了几分钟，又向下一站行驶了。我们生活在一个激烈竞争的时代，很多机会本来就是稍纵即逝的。在优柔寡断的人左思右想的时候，机会往往已经溜到了别人手里，把他远远抛在了后面。

机遇转瞬即逝，别指望它会第二次敲门

培根说："智者创造的机会比他得到的机会要多。""抓住机遇"这句口号在日常的生活中经常能够听到，有人说："机遇青睐有准备的人。它不相信眼泪，它与怯弱、懒惰无缘。"也有人说："机遇稍纵即逝，目光敏锐、勇敢果决者常常能获得它。"其实，机遇对任何人都是平等的，能不能抓住它，主动权在自己手里。机遇在人的一生中扮演着重要的角色。机遇无处不在。抱怨没有机会的人，实际上是不善于识别机会和发现机遇，他们总是在仰望远处的高山，却忽视了脚下的矿石。

很多年前，美国穿越大西洋底的一根电报电缆线因破损需要更换，这则小消息平静地传播在人们之间。但是一位不起眼的珠宝店老板却没有等闲视之，毅然买下了这根报废的电缆。

没有人知道小老板的意图，认为他一定是疯了，总有异样的目光惊诧地围绕着他。小老板关起店门，将那根电缆洗净、

弄直，然后一小段一小段剪下来并进行装饰，作为纪念物出售。

大西洋底的电缆纪念物，还有比这更有价值的纪念品吗？这样他轻松地发迹了，他又买下欧仁皇后的一枚钻石，淡黄色的钻石闪烁着稀世的光彩。人们不禁要问：他是自己珍藏还是抬出更高的价位转手？他不慌不忙地筹备了一个首饰展示会，观众当然是冲着皇后的钻石而来的。

可想而知，梦想一睹皇后钻石风采的参观者会怎样蜂拥着从世界各地接踵而至。他几乎坐享其成，毫不费力就赚了大笔的钱财。这个小老板就是日后在美国赫赫有名、享有“钻石之王”美誉的查尔斯·刘易斯，一个磨坊主的儿子。

目光敏锐、头脑灵活的人，总能在机会的身影还若隐若现时，就做出自己的判断，并大胆地行动。查尔斯·刘易斯的成功，正是如此。他判定一根报废的电缆中蕴含着一个巨大的商机，把这次机遇当作自己事业腾飞的平台，乘着机遇的东风冲天而起，在商海大展身手。

年轻人，不要总是抱怨没有好的机会降临在你身上，不要总想着会有兔子撞到你面前。成功的机会无处不在，关键在于你是否能紧紧地抓住。聪明的年轻人能从一件小事中得到大启示，有所感悟，将它转化成成功的机会；而愚笨的人即使机会放在他面前也不知。

在生活中，我们不要被环境变化的表面现象所迷惑，只要认识到环境的变化会带来机会，细心观察市场动向，认真思考环境变化对经济发展的巨大影响，你就会找到成功的机会。

1865年，美国南北战争宣告结束。但由于总统林肯被刺身亡，美国人民沉浸在欢乐与悲痛之中。这时，在铁路部门工作的卡内基意识到：战争结束后，经济必然复苏，经济建设必然需要大量的钢铁。因此，他义无反顾地辞去了报酬优厚的工作，主持组建了联合制铁厂。

当美国打败墨西哥之后，便决定在加利福尼亚州修建一条铁路。随后，又批准修建另外三条横贯美洲大陆的铁路线。其实并非只有这几条铁路线，而是各地纷纷申请铁路建设，规模达到了数十条，而这一切都需要大量钢铁的支持。因此，卡内基在联合制铁厂里矗立起一座当时世界最大的熔矿炉，并聘请化学专家到厂中检验买来的矿石、灰石和焦炭的品质，从而达到了产品、零件及原材料的检测系统化。随后，卡内基大力整顿经营方式，使各层次的职责分明，生产力水平大为提高。

但是，经济的迅猛增长势必会有缓冲或回落的时段，卡内基根据社会发展状况，预料到了那一天的来临。因此，他事先买下了英国道兹工程师“兄弟钢铁制造”专利和“焦炭洗涤还原法”的专利。当1873年的经济大萧条来临之际，银行倒闭，证券交易所关门，铁路工程支付款被迫中断，一切生产都好像戛然而止，许多公司在经济大萧条中倒闭，而卡内基凭借事先买到的专利，公司依然正常运营……

在经济萧条的年代，大多数人看到的只是眼前一派衰败的社会现实，很少有人从社会的大发展方面看待事情，因此与千载难逢的好机会失之交臂。卡内基没有随大流，他从社会的不断变化中认识到，什么事都会有高潮和低谷，低谷过后，经济又会得到快速回升和发展。因此，他又向钢铁制造方面追加了投资。

经济大萧条很快就过去了，经济再次得到快速发展。当其他公司开始正常生产的时候，卡内基已经抓住了主动权，公司生产的钢材和钢轨等在同等货源短缺的情况下被大量订购，他从中赚到了高额的利润。经过十几年的经营，他开始拥有垄断钢铁产业的实力，被人们誉为“钢铁大王”。

世界无时无刻不在发生着变化，而机会也就藏身于变化之中。社会发展是大环境，身边事物的变化是小环境，只要你能认识到环境的变化会产生出许多成功的机会，并细心地观察寻找，你就会发现能够改变一生的机会。

只要去做，没有什么不能

大屏幕上一次次的颁奖，令人心动不已，谁都想走一次红地毯，谁都想拥有代表无比荣誉的奖杯，人生若是得此殊荣，自然是一种幸运，一种辉煌。但是，如此巨大的荣誉和成功却不是每个人都能得到的。生活中的我们如此平凡，但是，请不要忘记了为自己加油喝彩。美国的一位心理学家曾说：“不会赞美自己的成功，人就激发不起向上的愿望。”随时为自己加油往往能带给自己欢乐和信心。当你的信心增强了，又会获得更大的成就，与此同时，你的自信心将会进一步增强。

但在现实生活中，有的人对自己缺乏信心，他们总是期望得到别人的掌声。对于这样的情况，一位成功者说：“别在乎别人对你的评价，否则，反而会成为你的包袱，我从不害怕得不到别人的喝彩，因为我会随时为自己鼓掌。”在人生的路途中，我们要保持思路清晰，随时为自己的壮志加油喝彩！

生活中有许多困难与挫折，面对这些困境，许多人总是不由自主地说“我不能……”，在这样一种心理的影响下，他们不敢正视现实中的挑战，对自己缺乏信心，最后导致自己的潜力并没有得到充分的发挥。其实，许多人之所以不能成功，是因为缺乏自信，总是被“我不能”先生左右。所以，不妨试着把“我不能”埋在地下，相信自己，为自己加油鼓劲，用积极乐观的心态来面对一切，这样那些困难与挫折就会迎刃而解。

有一天，贝勒夫人给学生们带来了特别的一节课。开始上课了，贝勒夫人首先让学生们在纸上写出自己不能做到的事情，一个10岁的女孩子这样写道：“我无法完整地背出太长的课文”“我不会骑脚踏车”“我不知道怎样才能让别人喜欢我”……虽然她已经写了半张纸，却丝毫没有停下来的意思，仍认真地写着。贝勒夫人也忙着写自己不能做到的事情：“我不知道如何让孩子的家长都来”“我不知道怎样帮助玛丽提高她对数学的兴趣”，等等。过了10多分钟，许多学生都已经写满了一张纸，有的学生开始打开了第二张纸，不过，贝勒夫人及时制止了这一行为：“同学们，写完一张就行了，不要再写了。”学生们按着贝勒夫人的指示，把那些写满“不可能做到的事情”的纸对折，然后按顺序来到讲台，把纸放进一个空的鞋盒里。

等所有的纸条都放进去以后，贝勒夫人把自己的纸也放了进去。然后，她将盒子盖上，夹在腋下领着学生走出了教室，路过杂物室的时候，贝勒夫人找了一把铁锹，领着学生来到了运动场，她挑选了一个最边远的角落，开始挖坑。10分钟后，坑挖好了，贝勒夫人吩咐学生将那个鞋盒埋在“墓穴”里，贝勒夫人神情严肃地说：“孩子们，现在请你们手拉着手，低下头，我们准备默哀，朋友们，今天我很荣幸能够邀请到你们前来参加‘我不能’先生的‘葬礼’，‘我不能’先生在世的时候，曾经与我们的生命朝夕相处……您的名字几乎每天都要出现在各种场合，当然，这对于我们来说是非常不幸的……我们更希望您的兄弟姊妹‘我可以’‘我愿意’‘我立即就去做’等能够继承您的事业……愿‘我不能’先生安息吧，也祝愿我们每一个人都能够振奋精神，勇往直前！阿门！”

接着，贝勒夫人带着学生回到了教室，还举办了一个庆祝活动。贝勒夫人用纸剪成了一个墓碑，上面写着“我不能”，中间则写上“安息吧”，下面还标明了日期。贝勒夫人将这个墓碑挂在了教室中，每当有学生无意中说“我不能”的时候，贝勒夫人就会指着这个墓碑，学生们便会想起“我不能”先生已经死了，进而想出解决问题的办法。

永远不要让“不可能”禁锢自己的手脚，对自己要充满信心，随时为自己加油，勇敢地向前迈一步，坚持到底，那么，“不可能”就变成了“一切皆有可能”。不可否认，为自己加油是找回自信的最佳途径。不断地为自己加油，告诉自己“我一定能行”，通过肯定自己来不断地增强你奋力向前的信心，从而获得成功。

无论是生活中还是工作中，我们都难免会遭遇到坎坷、曲折、磨难，这时，我们会感到痛苦、迷茫，但是，这些都不是最可怕的，可怕的是自己先否定了自己，自己摧毁自己。

所以，在这关键时刻，更需要相信自己，为自己加油，要坚信命运的钥匙永远掌握在自己的手中。摔了跟头，应该立即爬起来，为自己鼓劲，为自己喊声“加油”；当我们取得一次小成就的时候，应该对自己说“我真棒”；当困难来临的时候，记得给自己打气，对自己说“我一定能行”。那些能为自己加油、喝彩的人，他们一定会是生活中的强者。

行动是化解焦虑的唯一良药

尽管古人常常说，失败是成功之母。但是，现实生活和工作中，依然有人因为害怕失败而拒绝尝试。很多人都知道，禁锢我们的牢笼不在于外界，而在于我们自身。的确如此，我们之所以碌碌无为，不是因为我们的想法太少，而恰恰是因为我们的思虑太多。任何事情都有风险，就像股市里常年提醒股民“股市有风险，入市需谨慎”，即便如此，还是有一些胆大的人义无反顾地进入股市，或者赚得盆满钵满，或者输得倾家荡产。当然，我们并非鼓励大家都像赌徒一样冒进股市，而是说，在投资或者想尝试一件事情的时候，一旦想好了，就应该马上实践，而不要瞻前顾后，犹豫不决。

大家都知道，机会转瞬即逝，尤其是千载难逢的机遇，只要稍一延迟，就有可能与良机失之交臂。任何事情都是有风险的，都有可能成功，也有可能失败，我们一定要认清这一点。既然知道凡事不可能达到100%成功的概率，那就不要奢求达到100%的成功。如此想来，我们也就没有什么好杞人忧天的了。在人生的经验积累过程中，不仅仅只有成功能够推动我们，很多时候不断的失败也会推动我们前进。所以，最重要的是想好了就去做，哪怕失败了，也比让金点子、好创意停留在空想阶段更好。

张磊大学毕业后，很偶然地获取了一家大企业的聘用通知书。不过，这家企业所招聘的岗位并不符合他所学的专业。当时，已经找工作几个月却处处碰壁的张磊再也不想像无头苍蝇一样乱撞了，他心里只想安定下来，再慢慢图谋。因此，就接受了这份工作。

工作之后，张磊意外地发现，自己的同班同学李强居然同时也进了这家企业，而且是同一部门。两个大学同学意外在一家企业的同一部门相逢，也真是够巧合的。工作几个月后，他们俩一起去吃饭喝酒。酒过三巡，两个人都微微醉了。张磊问李强："你工作得快乐吗？"李强摇摇头，说："不快乐。对我来说，这份工作只是暂时糊口。我的理想是咱们的绘画专业，我一定要成为一名画家。"张磊很纠结地说："其实，我来的时候和你的想法是一样的，暂时糊口，然后去实现自己的画家梦。不过。这家企业很大，待遇也不错，我又担心万一辞职了，又像毕业的时候一样找不到工作怎么办？万一，我在绘画的路上没有发展，碌碌无为怎么办？如果我从事绘画事业10年而毫无收获，那么就损失太大了，因为留在这个公司，10年之后，至少是个中层管理者，就已经步入小康了！"李强不以为然地说："不管怎么样，我不能放弃自己的梦想。况且，你有什么好担心的呢，连我都要去完成画家梦，你要知道，你可是我们班的才子啊！"张磊久久没说话，似乎陷入了沉思。

半年之后，稍有积蓄的李强果然辞职了。他当了一名绘画工作者，工资比之前低了很多，但是每天都可以作画，做自己最喜欢也最擅长的事情。转眼之间，10年过去了，张磊在公司已经升任主任，忙碌的工作让他完全忘记了绘画。一次难得的假期，他带着家人去法国旅行，无意间看到一个画展，不由得想起自己多年前的梦想。他情不自禁地走过去开始欣赏，突然，他看到一幅画的落款写着他熟悉的名字“李强”。他拿起电话拨打给李强，果然，这幅画的确是李强所作，李强还邀请他参加下个月将在成都举办的“青山绿水”个人画展。挂断电话，他茫然若失。生活需要的一切他似乎都有了，但是却再也没有时间拿起画笔。他到底得到了什么，又失去了什么？有一点他很肯定，如果当时他和李强一样辞职，去拿起心爱的画笔，那么他现在的成就一定不会比李强差。

很多时候，禁锢我们的并非外界，而是我们自己的内心。凡事都会有失去的，也会有得到的。没有任何人可以只得到，而从不失去。在权衡很多事情的利弊得失时，我们只需要想一想自己最想要的是什么，自己内心深处真正追求的是什么，就能够正确地做出取舍。世界上好东西那么多，那么多璀璨耀眼的成就，我们不可能全部拥有。那么，就珍惜我们生命中最宝贵的，做我们深思熟虑之后最想做的。

需要注意的是，所谓的深思熟虑，指的是做事情之前的多方面考虑，而不是已经想好的事情犹豫再三、迟疑不决地不去做。深思熟虑的人并不缺乏勇敢果断，而杞人忧天的人却因为一些还没有发生的可能性羁绊自己的脚步，使自己举步不前。做事情之前的深思熟虑和杞人忧天，是完全不同的。我们要深思熟虑，一往无前，而不要杞人忧天，裹足不前。

第4章

不惧怕失败，成功从来不是一蹴而就的

我们生活中的每个人，从出生开始，就有各式各样的困难和压力要面对。不论是适应新环境，还是求生存，每通过了一场挑战，我们便会成长一分，之后，下一个新的考验又会接踵而来。人生皆是如此，没有人能躲得过这些必须承受的压力，这就是人生，而一路辛苦的人生旅途，最重要的不是财富、地位，而是存在于我们心底的毅力，因此，挫折与困难，我们都要正确面对，因为没有谁能随随便便成功，历经困难的磨炼，你最终会更强大，离梦想也会越来越近。

不惧失败，大不了再试一次

生活中，谁都希望人生路上一帆风顺，都希望获得命运的垂青、一举成功，渴望成功的人更是如此，但没有人能随随便便成功，这条路也并不是那么好走，需要经受各种考验，其中就有失败。但勇敢的人从不会被失败打倒，而是把失败当成成功的垫脚石，从失败中崛起。

在哈佛大学2008年的毕业典礼上，《哈利·波特》的作者罗琳演讲说道："失败给了我内心的安宁，而在一帆风顺的处境下，我们是感受不到的。从失败中，我也认识到我自己，这也是其他地方我感受不到的。我发现，我有坚强的意志，而且，自我控制能力比自己想象的还要强，我也发现自己拥有比红宝石更珍贵的朋友。"哈佛大学的教授也曾经说过："坚持是机遇的种子，年轻人无论是求学还是创业，在经过各种权衡比较之后，你要充分调动起自身的能量，在一段时间内只集中力量做一件事。"其实，这个道理很简单，以挖井为例，找到了水脉之后，就要奋力往深处挖，而如果打一枪换一炮，那么，最终，你获得的不过是一个个的土坑而已。而在发掘中所消耗的时间精力，已经永远找不回来了。

要问成功有什么秘诀，丘吉尔在一次演讲时回答得很好："我的成功秘诀有三个：第一是，决不放弃；第二是，决不，决不放弃；第三是，决不，决不，决不放弃。”

前文我们所讲的史泰龙的成功，也证实了坚持的重要性。在机遇面前，行动固然重要，但坚持更为重要。在追梦的过程中，我们永远都不要放弃心中的希望，如果遇到困难，就把困难当成人生的考验，不要在困难面前茫然退缩，更不要不知所措迷失自己，满怀希望地为着自己的梦想而努力，相信终有一天，你会走出低谷，走向光明。现实是美好的，但又是残酷的，关键在于面对困难，你是否具有韧性，能否坚持到底。

老亨利是一家大公司的董事长，他是个和蔼的老人。有一次，产品设计部的经理汤姆向老亨利汇报说：“董事长，这次设计又失败了，我看还是别再搞了，都已经第九次了。”汤姆皱着眉头，神情非常沮丧。

“汤姆，你听我说，我让你来设计，就相信你能成功。来，我给你讲个故事。”老亨利吸了一口雪茄，开始讲起来，“我也是个苦孩子，从小没受过什么正规教育。但是，我不甘心，一直在努力，终于在我31岁那年，我发明了一种新型的节能灯，这在当时可是个不小的轰动呢！但是，我是个穷光蛋，要进一步完善需要一大笔资金。我好不容易说服了一个私人银行家，他答应给我投资。可我这种新型节能灯刚一投放市场，其他灯的销路就被阻断了，所以就有人暗中阻挠我成功。可谁也没想到，就在我要与银行家签约的时候，我突然得了胆囊症，住进了医院，大夫说必须马上做手术，否则就会有危险。

那些灯厂的老板知道我得病了，就开始报纸上大造舆论，说我得的是绝症，骗取银行的钱来治病。结果，那位银行家不准备投资了。更严重的是，有一家机构也正在加紧研制这种节能灯，如果他们抢在我前头，我就完蛋了！我躺在病床上简直是万分焦急，最后只能铤而走险，不做手术，如期地与那位银行家见面。

“见面前，我让大夫给我打了镇痛药。和银行家见面时，我忍住剧烈的疼痛，装作没事似的，和银行家谈笑风生。但时间一长，药劲过去了，我的肚子就像刀割一样疼，后背的衬衣也让汗水湿透了。可我仍然咬紧牙关，继续周旋。我当时心里就只剩下一个念头：再坚持一下，成功与失败就在能不能挺住这一会儿！病痛终于在我强大的意志力下低头了，最后我终于取得了银行家的信任，签了合约。我在送他到电梯口时脸上还带着微笑，并挥手向他告别。但电梯门刚一关上，我就‘扑通’一下倒在地上，失去了知觉。提前在隔壁等我的医生马上冲过来，用担架将我抬走。后来据医生说，我的胆囊当时已经积脓，相当危险。知道内情的人无不佩服我这种精神。我呢，就靠着这种精神一步步走到现在。”

汤姆被老亨利的故事感动了，他感到万分惭愧。和董事长相比，自己遇到的这点压力算什么呢？

“董事长，您的故事让我非常感动，从您身上我真正体会到了再坚持一下的精神。我非常感谢您给我的鼓励和提醒。我回去再重新设计，不成功，誓不罢休。”汤姆挺着胸，攥着拳，脸涨得通红，说话的声音有些颤抖。

事实是最好的证明，在试验进行到第十二次的时候，汤姆终于取得了成功。

任何人、任何事情的成功，固然有很多方法，但最根本的就是需要坚持。不管遇到什么困难，只有风雨无阻并相信自己能成功，就一定能迎来曙光、迎来成功。老亨利和汤姆的成功就是最好的证明。而相反，如果我们老在前进的道路上给自己设置重重的心理障碍，如果总是让自己刚迈出的脚步又退回原点，那么又如何战胜压力走向终点呢？唯有抱着一种不怕输、不认输的精神，有一种失败后再坚持一下的勇气，那么最终肯定能获得成就。

总之，任何一个取得成功的人，都是因为他付出了超乎常人的努力。一个人要想获得人生的幸福，那么每一天都应该勤奋工作。付出不亚于任何人的努力是一个长期的过程，只要坚持就一定能够获得不可思议的成就。

谁的成功都不是一蹴而就的

有人说，人生是一次长途跋涉，旅途中常常有曲折和险阻。如果抱着只希望走一帆风顺之路的心态，而不会转弯的人，恐怕是难以登上人生的制高点的，因为谁的成功都不会手到擒来。在生活中的你也会遇到一些难题，此时，你难免会产生一些焦躁的情绪，但焦躁对于事情的解决毫无帮助，你只有静下心来，才能冷静地思考解决的方法。因此，无论发生什么，你都要记住，一定要有个好心态，不到最后一刻都不要放弃。

美国影视演员克里斯托弗·里夫因在电影《超人》中扮演超人而家喻户晓，但谁也没想到的是，接下来他却遭遇了一场从天而降的大祸。

1995年5月27日，里夫参加了弗吉尼亚的一个马术比赛，谁知中间发生了意外事故，里夫头部着地，第一及第二颈椎全部折断。五天之后，里夫终于醒过来了，不过医生说，他也不能确定里夫能不能活着离开手术室。

在那段时间里，里夫的人生陷入谷底，他甚至几次想到了轻生。后来，他出院了，他的家人为了能让他心情好点，便用轮椅推着他出门旅行。

有一次，他的家人开车带他出门游玩，当车来到一路盘旋的盘山公路上时，他望着窗外，望得出神，他似乎想到了什么，他发现，每当车开到道路尽头的时候，路边就出现一块交通警示牌:“前方转弯!”或“注意!急转弯”。然而，只要车开过了弯道，前面就会出现豁然开朗的风景。突然，“前方转弯”这几个大字好像刻在了他的心里，也给了他当头一棒，原来，路不是到了尽头，只是该转弯了。他幡然醒悟，于是，他对家人大喊一声:“我要回去，我还有路要走。”

从此以后，他不再颓废，他以轮椅代步，当起了导演，他第一部首席指导的影片就荣获了金球奖；他尝试着用嘴咬着笔写字，他的第一部书《依然是我》一问世就进入了畅销书排行榜。与此同时，他创立了一所瘫痪病人教育资源中心，并当选为全身瘫痪协会理事长。他还四处奔走，举办演唱会，为残障人的福利事业筹募善款，成了一个著名的社会活动家。

美国《时代周刊》报道了克里斯朵夫·里夫的事迹。在这篇文章中，他回顾自己的心路历程时说："以前，我一直以为自己只能做一位演员；没想到今生我还能做导演、当作家，并成了一名慈善大使。原来，不幸降临的时候，并不是路已到了尽头；而是在提醒你：你该转弯了。"

一次偶然的事件，让原本几乎绝望的克里斯托弗·里夫重新选择了一条人生的路。在这条路上，他同样取得了成功甚至是辉煌。

生活中的你，在追求梦想的过程中，可能也会遇到困难，可能你也会选择放弃，但是，请想一下，如果选择了真正的绝望，向所谓的命运妥协了，你就真的彻底失败了；而如果你选择另外一种心态，那么，只要你继续思考，你就有可能绝处逢生。

然而，失败平庸者多，主要是心态有问题。遇到困难，他们总是挑选容易的倒退之路。"我不行了，我还是退缩吧。"结果陷入失败的深渊。成功者遇到困难，他们能心平气和，并告诉自己："我要！我能！""一定有办法。"

当然，这还需要我们培养自己的耐力，要坦然面对任何困难。

日本著名企业家松下幸之助，就是一个在困难中勇于挺住，赢得时间，最终成就大业的商界巨人。他在谈经营管理的论著中，专门阐述了如何面对经济不景气的问题。他认为，不景气是企业发展过程中的一个阶段。从景气到不景气，再到景气，这是经济发展的客观规律。当不景气来临时，正好考验经营决策者的能力和胆识。他说："利用不景气打天下，当大家在不景气下一筹莫展时，你仍有开拓事业的勇气和能力，不景气过去后将来就是你的天下了。"

松下幸之助正是在创业初期利用不景气进行负债经营，添置设备，在渡过困境后才有了更大的发展。

当然，要突破困境，绝对不能消极等待，而要在等待中积极寻找突破口，创造条件去克服困难，从而实现从"山重水复疑无路"到"柳暗花明又一村"。

事实上，人们驾驭生活的能力，是从困境生活中磨砺出来的。和世间任何事件一样，苦难也具有两重性。一方面它是障碍，要排除它必须花费更多的力量和时间；另一方面它又是一种肥料，在解决它的过程中能够使人更好地锻炼提高。

库雷曾说："许多人的失败都可以归咎于缺乏百折不挠、永不放弃的战斗精神。"的确，我们发现，一些人或满腹经纶，或能力超群，但他们却拥有一个致命的弱点，那就是缺乏一种抗打击的能力，往往一遇到微不足道的困难与阻力，就立刻裹足不前，没有韧性，遇硬就回，遇难就退，遇险就逃。因此，终其一生，他们只能从事一些平庸的工作。一个人跌倒并不可怕，可怕的是跌倒之后爬不起来，尤其是在多次跌倒以后失去了继续前进的信心和勇气。不管经历多少不幸和挫折，内心依然要火热、镇定和自信，以屡败屡战和永不放弃的精神去对付挫折和困境。那么，你会不断强大起来。

面对失败，学会调整自己的心态

在我们的生活中，我们常听到人们这样说："人有悲欢离合，月有阴晴圆缺。"的确人生无常，没有永远的平平坦坦、一帆风顺，遇到些挫折和磨难在所难免。在失败中学会坚强，才能更好地感知生活，拥抱生活，创造生活，享受生活。

也许不少人都渴望成功，但结果并不一定如我们想象，似乎总是会出现我们无法预料的因素，那么，我们面对不能避免、不可改变的事实——失败，最好的态度就是认定事实，做出积极乐观的反应。

有一天，在某个公交站牌处，一个小女孩和妈妈起了争执。

小女孩有点生气地对妈妈说："我就要去海边玩，为什么你不让我去！"

妈妈劝她：“不是早说过了吗，今天出太阳了咱就去，但今天没有出太阳啊，而且天气预报说还可能要下雨呢，还是改天再去吧。”

“妈妈骗我，今天出太阳了……”

妈妈笑了起来，问道：“哪里有啊，不要骗人，你说说，太阳到底在哪儿。”

小女孩抬起头来，东看看西瞧瞧，然后指着天空喊：“不是在那儿嘛。”

“没有啊，那只是乌云而已呀。”

“对呀！”没想到，小女孩一副非常认真的样子，“太阳就躲在乌云的后面呢，等一会儿乌云一走开，不就出来了吗？”

听到小女孩的话，所有等车的人都笑了。

对于积极的人类来说，太阳每天都在天空中，虽然有的时候我们看不见它，那是因为它正躲在云的后面，而乌云总有散开的时候，就如人生总有诸多的幸福会接踵而来一样。那么，对你来说，乌云密布的时候，你是怎样看待的呢？如果你也能看到乌云后的太阳，那么，你也就是个积极的人。

我们都要明白这样一个浅显而深刻的道理，人这一生要经历许许多多的挫折。当我们所承受的挫折越多，这说明你成功的机会就会越大。面对挫折和失败时，我们应该勇敢地、微笑地接纳它。如果你能鼓起勇气，尽自己最大的努力去战胜它，那么你就会发现，挫折和磨难的阴霾被驱散后，头顶上便是一片蔚蓝的天空。挫折和磨难对强者来说，是上天给予的奖励，可以从挫折和磨难中自省自悟、吸取教训，重整旗鼓。挫折就是一份财富，经历就是一份拥有；淬火洗礼，越挫越坚，越挫越勇，坚如磐石，我们从中得到淬炼，得到成熟，得到成长，得到收获，此时的挫折和磨难，只不过是成功道路上的一块垫脚石。而挫折和磨难对弱者来说，它是一道深不可测、无法逾越的鸿沟，甚至是他们自己的坟墓。驻足在这条鸿沟旁边，他们瞻前顾后，徘徊观望，唉声叹气，却没有想到这条沟正是自己给自己挖的，他们失去了战胜挫折和磨难的信心与勇气，自己放弃了很多本该和本能得到的美好东西。

在推销员中广泛流传着一个这样的故事：两个欧洲人到非洲去推销皮鞋。由于炎热，非洲人向来都是打赤脚。第一个推销员看到非洲人都打赤脚，立刻失望起来："这些人都打赤脚，怎么会要我的鞋呢？"于是放弃努力，失败沮丧而回；另一个推销员看到非洲人都打赤脚，惊喜万分："这些人都没有皮鞋穿，这皮鞋市场大得很呢。"于是想方设法，引导非洲人购买皮鞋，最后发大财而回。

这就是心态不同导致的天壤之别。同样是非洲市场，同样面对打赤脚的非洲人，由于一念之差，一个人灰心失望，不战而败；而另一个人满怀信心，大获全胜。

在顺境中多思考，我们能保持清醒的头脑、稳健前进的脚步；在逆境中多思考，我们会找到失败的症结，踏上通往成功的道路。

因此，我们要追求成功，就必须要做好随时迎接艰难险阻的准备，不要因为一时的失败而灰心丧气，而应该勇敢面对，努力拼搏，始终坚信“阳光总在风雨后”。古往今来，所有成功者都懂得“失败乃成功之母”的道理，为什么我们就偏偏要被失败打倒呢？

那么，我们该如何调整失败后的情绪从而重整旗鼓呢？

首先，要积极暗示自己。

生活是千变万化的，悲欢离合，生老病死，天灾人祸，喜怒哀乐，都在所难免。一次被拒绝的失望，一场伙伴的误会，一句过激的话语，都会影响我们的心情，生活中的不顺之事总是很多，这就需要我们每个人学会调节自己的心态。怎样调节呢？最简单有效的做法——用积极的暗示替代消极的暗示。当你想说“我完了”的时候，要马上替换成“不，我还有希望”；当你想说“我不能原谅他”的时候，要很快替换成“原谅他吧，我也有错呀”；等等。平时要养成积极暗示的习惯。

其次，告诉自己“总会有别的办法可以办到”。

竞争激烈的市场中，每天都有公司成立，但每天也有公司停止运营，那些半路退出的人说：“竞争太激烈了，还是退出保险些。”真正的关键在于他们遭遇障碍时，只想到失败，因此才会失败。

你如果认为困难无法解决，就会真的找不到出路。因此，你一定要拒绝“无能为力”的想法，告诉自己“总会有别的办法可以办到”。

我们的人生就如同大海里的船舶，随时都可能经历风浪，没有不受伤的船，也没有不经历磨难的人生。面对失败，我们不应该一味地怨天尤人和自暴自弃，而应该学会坚强，学会乐观，学会控制好情绪，更要学会调整自己的心态。保持好精神，拥有好心情，才是至关重要的。

不断积累失败的经验，让失败成为一笔财富

年轻人如果渴望成功，那先去拼命失败吧。爱默生曾说：“每一种挫折或不利的突变，是带着同样或较大的有利的种子。”在失败的背后，往往隐藏着宝贵的经验与信念，事实上，失败是一笔不可缺少的财富。虽然，我们在遭遇挫折、面临失败的时候，都会产生一定程度的负面情绪，但是，如果自己长期深陷其中而不能自拔，失败就会成为我们的代名词。美国著名心理学家贝弗利·波特认为，当一个人在工作中的失败感大于他所取得的成就感时，就很有可能对自己的工作失去热情，而当这种失败感以一定的频率固定出现的时候，他就很容易对自己的工作产生倦怠。面对失败，我们需要做的并不是自甘堕落，自暴自弃，而是不断积累失败的经验，让失败成为一笔财富。

在人生道路上，成功没有巅峰，追求没有止境，短暂的荣誉往往会束缚人们前进的手脚，一时的辉煌往往会消减人们的斗志。而失败，让人痛心更催人奋进，既让人难堪更让人坚定，让人们在放弃时能鼓足勇气，想逃避时拾起自尊。失败是成功的前奏，失败是一笔财富，失败能够使人不断地反省自己，在逆境中奋进，在低谷中抓住机遇，不断冒险与尝试，最后采摘成功的果实。

和田一夫21岁那年，自己经营的位于静冈县热海家的蔬菜水果店被一场大火烧毁，和田一夫几乎失去了所有，但是，失败并没有让他放弃希望，他将烧成平地的100坪（1坪=3.3057平方米）土地拿去做抵押，借钱买了块300坪的土地盖了一个超级市场，开创了日本八佰伴。超级市场在和田一夫的经营下，发展越来越好，这时，和田一夫想带着自己的超级市场进军亚洲，而新加坡成了其起点。

1972年，和田一夫和日本野村证券公司第一次考察新加坡市场，然而，就在新加坡，他碰到了两件令自己苦恼的事情：新加坡租金太贵，完全超出了自己的预算之外；在新加坡期间，和田一夫无意中听到一位的士司机告诉他一段日本人杀害新加坡人的国仇家恨。对此，和田一夫说："对日本百货公司来说，70年代是一个必须面对历史的时代。"回到日本后，和田一夫告诉了董事们这两件事，结果董事们纷纷表示反对投资新加坡。但是，和田一夫明白"零售业成功的因素是要消费者口袋里装着钞票”，于是，在20世纪70年代初期，和田一夫在新加坡开辟了第一个亚洲市场。1976年，受世界石油危机的冲击，巴西八佰伴被迫关门。通过这次教训，和田一夫领悟到：“不该死守一个地方，要大胆调动资金，分散资产。”紧接着，八佰伴从东南亚“流通”到了中国台湾、中国香港以及中国内地。80年代末期至90年代初期，整个亚洲经济处于全盛时期，和田一夫的八佰伴集团在16个国家拥有了400多间百货公司，坐上了世界零售业第一把交椅。

1997年，和田一夫在日本负责掌管日本八佰伴公司的弟弟，因被指控欺骗日本财政部而被法庭判定有罪，当时也判定和田一夫结束所有海外企业，回日本受审。当时，日本媒体称和田一夫将资金调动到中国，拖累了日本八佰伴。顿时，一夜之间，和田一夫变成了一个连累八佰伴股东和员工的罪人。这时，和田一夫做出了决定，宣布“自我破产”，交出所有财物，向企业界告别，搬到一个租来的房子里。

如今，和田一夫成立了“和田一夫企业咨询公司”，他的日常工作就是用电脑给许多企业家回答问题，为企业团体做演讲。同时，他以探讨自己的失败原因为主题撰写了《从零开始的经营学》，这本书成了日本经典著作之一。对此，和田一夫这样说：“失败是我的财富，我想将这个企业咨询网络像当年八佰伴一样伸展到亚洲，甚至全世界。”

杰出的音乐家贝多芬在与外界声音隔绝之后，坚持音乐创作并获得了巨大的成功；只受过三年正规教育，被老师认定是一个智力迟钝的学生——爱迪生，在经过不懈的努力之后，成为最伟大的发明家之一。失败并不可怕，只要你在失败中不断地积累经验，终究能将失败变成财富。

日本著名实业家原安三朗曾说：“年轻时赚一百万的经验，并不能成为将来赚十亿元的经验，但损失一百万的经验，倒可以培养赚十亿元的经验，逆境是锻炼人才最好的机会。”一个不能认识和接受失败的人，也无法看清楚成功的本质，从失败的教训中学到的东西，往往比成功中学到的还要深刻。成功，总是在经历多次失败之后才姗姗来迟，正确面对失败，才是走向成功的重要素质和能力。

其实，遭受失败并不可怕，关键是用积极的心态来面对。只要我们能改变心态，把每一次的失败都当作考验自己的机会，把它当作超越自己的一次机遇，那么，我们就不会沉浸在痛苦里，甚至感谢失败让我们看清了真相，获得了经验。失败会让人变得成熟，它是人生的一笔宝贵财富。

接受事实，然后从挫折中站立起来

人生的路途上永远不会是一帆风顺的，它总是充满了荆棘和坎坷，等着我们去跨过。如果你在人生的挫折面前选择逃

师，而不是像你这样只会胡说八道。”下面的学生也开始吹口哨、拍桌子地闹了起来。卡耐基手足无措地站在那里，这时那位妇女主任来了，喝令卡耐基结束了青年会的授课。于是，卡耐基狼狈地离开了青年会，他心里明白除了接受既成事实以外，没有别的办法。可是他不甘心自己所试图创立的事业如此半途夭折。他开始到图书馆查阅一些资料，为自己的课程做些准备，后来他在一位朋友的帮助下重新开始了卡耐基课程。

年轻人，你应该记住：“我们最重要的工作，并非在眺望遥远的、朦胧的事物，而是实行切近的、明确的工作。”或许在我们的日常生活中，也会遭遇一些不同的挫折。这时候，要学会接受已经发生的事实，这是克服任何挫折的第一步，然后再寻找可以解决的办法，让自己从挫折中站立起来。

有的年轻人时常在想：假如有一天我失去工作了怎么办？假如有一天我老了怎么办？假如有一天我失去健康了怎么办？假如有一天孩子不能成才怎么办？假如有一天所有的亲朋好友都对我不友好怎么办？我们暂且不说，那一天是否会到来。你必须意识到，你现在这样的担心只会让你陷入更严重的焦虑中。

人生中的挫折并不可怕，重要的是你是否有战胜它的信心。年轻人面对挫折，要用自己最美丽的笑容去征服它，你笑得越灿烂，它就越是怕你，当你自信满满地从它身边经过时，它就会不战而退。有一天，当你回首往事，你会发现正是那些挫折才让你的人生丰满起来，让你的生活充足起来。人生不会因为挫折而一蹶不振，而是因为挫折，所有人生才充满了精彩。

卡耐基说：“如果只有柠檬，就做杯柠檬汁。”当你第一次尝到柠檬，那一口酸入心脾的味道一沾舌尖，你立即就会呲牙咧嘴忙不迭地吐出来。如果上天给你个柠檬，的确是一件让你比较郁闷的事情。如果命运交给你一个酸柠檬，你得想办法把它做成甜的柠檬。柠檬是又苦又酸的，难以下咽，可是如果你把它榨成汁，加上糖，倒进蜂蜜，却变成味道很好的柠檬汁。虽然生命给我们酸苦，但是我们可以让它变得甘甜；虽然世界让我们遍体鳞伤，但伤口长出的却是翅膀。

第5章

努力了但是没效果，可能是你的坚持还不够

有人说，人生必然面对种种困难的“无休止挑战”，是一场多事多难的“漫长战役”，这场战役必须由我们每个人自己去打，其他人是无法代替的。若还没努力就放弃，那么，你的这场人生之战最终会失败的。的确，我们每个人都要记住，每个人的命运，只能靠自己设计，靠自己转弯。也许你会说，为什么我这么努力还是没结果？那么，可能是你的努力不够，你的坚持不足。因此，人生路上，无论怎样，我们时刻都要坚信自己，付出不亚于任何人的努力，并且坚持下去，才能成就强大的自己。

是等待还是放弃，要理性判断

有人说，学会等待的人往往会有好运气。欲速则不达，这是一句至理名言。有时候，不要说上帝没有关注你，是因为你不够资格进入上帝的法眼，或者说，上帝早已以他的标准，把目光从你的身上轻轻掠过。因为你的“稚嫩”，因为你没有承受过多磨难的历练，因此，上帝延迟了对你的恩赐。该来的总会到来，拥有机会时我们全力以赴，没有机会时我们耐心准备。如果你没有得到所谓的幸运，不要埋怨生活的不幸，请记住，一切的等待都是值得的，只是机会尚未到来而已。

有两个从小一起长大的亲兄弟，他们决定一起去挖金矿，开始时，他们都抱有坚定的信念——不挖出金子决不放弃。从黎明到黄昏，又从黄昏到黎明，多少个日日夜夜后，他们依然没有见到金子的光亮。手磨出了血，脚磨出了泡，抱怨和苦闷时常充斥在他们的对话中。所不同的是，哥哥在抱怨几句，舒缓了情绪后，能够让自己更冷静地思考，随后继续挖着梦想中的金子。而弟弟的士气则越来越低落，脚下的坑显得很难再往深挖掘一尺。

这天，一个商队经过，说是山那头有人挖出了石油。这时弟弟再也按捺不住了，说：“这里哪有什么金子啊，不干了，到山那头采石油去！”而哥哥却什么也没说，继续埋头干他的活儿。

几天之后，可怜的弟弟灰头土脸地回来了，他并没发现石油的影子，他的放弃使他又一次两手空空。当他到达驻地时，已经是深夜两点，在帐篷微弱的灯光下，似乎有一种异样的、刺眼的光芒在闪烁。他走进里面一看，哥哥正捧着金子甜甜地酣睡。

哥哥在弟弟不愿意等待时选择了等待，所以他成功了。很多人都明白，生活就是一次淘金大赛，有时需要一点运气，但更多的还是要靠自己的选择。选择坚持、努力思考、勤奋进取，这些被诠释了无数遍的成功因素在最为朴实的生活追求中，仍没有几个人能够完全具备。为什么我们如此渴望而却偏偏不曾拥有？时机未到而已。

但是当我们前方是一条死胡同，是否继续等待呢？从小，我们就知道这样一个道理：只有不断地前进才能获得成功。其实，生活本来就是起伏不定的，如果你一直向前走，不愿意留给自己一个回旋的空间，那很有可能会钻进一条死胡同，前方已经没有路，这样的情况自然是难以成功的。当前方已经没有路，那不妨选择适时放弃吧。

康多莉扎·赖斯出生于1954年11月14日。小时候素有“神童”之誉的她，从小就跟着当小学音乐教师的母亲弹钢琴，4岁时就开了第一场独奏音乐会。她不但学习成绩极其出色，跳了两次级，而且还把网球和花样滑冰玩得特别出色。16岁时，赖斯进入丹佛大学音乐学院学习钢琴，她梦想成为职业钢琴家。她在音乐方面独具的天赋和他人难以企及的家学，似乎没有人能够轻易地否认，大家都相信过不了几年她就会成为乐坛翘楚。

可是，出人意料的是她打起了“退堂鼓”，开始了崭新梦想的破冰之旅。原来在著名的阿斯本音乐节上，她受到了打击。“我碰到了一些11岁的孩子，他们只看一眼就能演奏那些我要练一年才能弹好的曲子，”她说，“我想我不可能有在卡内基大厅演奏的那一天了。”于是，她开始重新设计自己的未来并发现了新的目标——国际政治。“这一课程拨动了我的心弦，”她说，“这就像恋爱一样……我无法解释，但它的确吸引着我。”她从此转而学习政治学和俄语，并找到了她一生追求的事业。

赖斯并没有追随儿时的梦想成为一名钢琴家，而是在大家都看好的情况下选择了“放弃”，并开始了崭新梦想的破冰之旅。她发现自己再坚持下去，难以取得超越别人的成就，所以，她果断地选择了放弃，不再固执。在一阵休憩之后，她重新设计了自己的未来，果然，她似乎更适合混迹于政坛。如果不是当初她决然地舍弃，那么现在就会少一个出色的政治家了。

是等待还是放弃，需要年轻人做出理智的判断。在前进的路上，原则是坚持向前走，哪怕成功没有及时地降临，也需要坚持等待，或许，再等一下，成功就会来了。但是，如果前方已经没有路，则需要及时放弃，因为继续等待已经没有任何价值了。

慢吞吞的蜗牛，最终也会成功

我们每个人都是有梦的，自打孩提时代起，我们都在编织着属于自己的梦。梦想，就像我们人生的航标，黑暗中指引我们前进的明灯。但追求梦想的过程是艰辛的，有的人甚至是用一生来完成一个梦，但无论如何，只要我们坚持梦想，不轻易放弃，即便是慢吞吞的蜗牛也能成功。所以，任何一个还在追梦路上的人，都别担心，只要你有梦想，慢一点完成也会成功。

著名的发明家爱迪生就是一个从不言败的人。

他曾经长时间专注于一项发明。对此，一位记者不解地问："爱迪生先生，到目前为止，你已经失败了一万次了，您是怎么想的？"

爱迪生回答说："年轻人，我不得不更正一下你的观点，我并不是失败了一万次，而是发现了一万种行不通的方法。"

在发明电灯时，他也尝试了1.4万种方法，尽管这些方法一直行不通，但他没有放弃，而是一直做下去，直到发现了一种可行的方法为止。他证实了大射手与小射手之间的唯一差别：大射手只是一位继续射击的小射手。

事实证明，任何一个取得成功的人，都是因为他付出了超乎常人的努力。一个人要想获得人生的幸福，那么每一天都应该勤奋工作。付出不亚于任何人的努力是一个长期的过程，只要坚持就一定能够获得不可思议的成就。

约翰是个很勤奋的小伙子，在获得企业管理的硕士学位后，他到一家国际性的化学公司工作。因为学历较高，刚进公司，他就被安排在了管理层的职位上，这令很多人不满意，尤其是那些和他年纪相当的小伙子，因为他们还在基层摸打滚爬，为了服众，约翰请求也从基层做起，这令上司很欣赏。

但约翰并不聪明，甚至是笨拙的，在很多业务问题上，他总是做得很慢。约翰的迟钝是明显的，为此，他的上司也开始为他着急："抓紧点，约翰，动作快一些！"

然而，约翰的速度似乎还是那么慢条斯理，永远都不着急。看到约翰蜗牛般的速度，人们开始不满，并用各种语言嘲笑他："如果约翰去当邮递员的话，那么，我们永远别指望收到东西了。"

即使他们这样说，约翰也没有生气，也没有说任何话，而是继续按照自己的进度工作、学习。

就这样，约翰来公司也已经半年了。此时，公司决定举行一场专业知识和业务能力考试，而第一名将会被选拔为公司储备干部。

令大家奇怪的是，平时少言寡语、工作速度缓慢的约翰却一举夺得了第一名，此时，众人才明白，做得多才是成功的硬道理。

故事中的约翰是个争气的职场新人，他做事作慢条斯理、不缓不慢，好像一个慢吞吞的蜗牛一样，他看似愚笨，甚至被对手嘲笑，但他专心做自己的事，最终，他用行动证明了自己才是最优秀的，这是一种值得每个渴望成功的人学习的精神。

的确，当今社会是一个快节奏的社会，凡事讲究效率，在城市的高楼大厦中，人们都希望在最快的时间内取得事业的成功，然而，任何目标的完成绝不是一蹴而就的，更别说梦想的实现，更需要我们付出努力，做到坚持，做到干一行，爱一行，才能在该领域内取得成就。

然而，现实生活中，我们发现，有这样一些人，他们似乎总是心浮气躁，他们有太多的空想，他们要么同时对很多事都感兴趣，要么当手头事出现阻碍时就转移目标，但是，任何目标的实现，正像许多人所做的那样，不仅需要耐心地等待，而且还必须坚持不懈地奋斗和百折不挠地拼搏。切实可行的目标一旦确立，就必须迅速付诸实施，并且不可发生丝毫动摇。

为此，我们需要明白一个道理，慢吞吞的蜗牛也能取得成功，切忌心浮气躁。不要有太多的空想，而要专注于眼前的工作。在多数情况下，对枯燥乏味工作的忍受和含辛茹苦，应被视为最有益于人身心健康的原则。阿雷·谢富尔指出："在生活中，唯有精神的肉体的劳动才能结出丰硕的果实。奋斗、奋斗，再奋斗，这就是生活，唯有如此，也才能实现自身的价值。我可以自豪地说，还没有什么东西曾使我丧失信心和勇气。一般说来，一个人如果具有强健的体魄和高尚的目标，那么他一定能实现自己的心愿。"

包维尔自小就十分喜欢摄影，大学毕业后，他对摄影到了痴迷的程度，无心去挣钱工作。从此包维尔过着简单的生活，他穿着破裤子，吃着最简单的汉堡包。从不理会自己的生活是富有还是贫穷，只要能够摄影也就够了。在别人眼里，他是困苦贫穷的象征。而包维尔自己却过得异常快乐。

在他27岁时，他的人物摄影技术开始登峰造极，成为世界公认的人物摄影大师，并为英国首相拍摄人物照，从此一发而不可收。至今他为全世界100多位总统、首相拍过人物摄影。请他摄影的世界名流更是数不胜数，排队等候一两年是常事。包维尔是一个真正的世界顶尖级摄影大师。

从包维尔的故事中我们得知，追求人生目标，只有内心平静、不骄不躁，才能从容不迫地沉淀自己，才能最终有一番成就。

通常来讲，越是有所追求、越是想干点事的人可能遇到的烦恼和痛苦就会越多，凡事达观一点，看开一点，相信自己，终会心想事成。所以，对于你所追求的目标，不妨多给自己一段时间，慢慢来，你最终也会收获颇丰！

蓄势待发，今天的等待是为了明天的成功

在这个世界，没有任何一个人能随随便便成功，因为罗马城也不是一天就建成的。一步登天的奇迹，以及一蹴而就的成

功，那也是经历了上百次的尝试，才铸就了这样短暂的光辉。俗话说："台上一分钟，台下十年功。"有可能在台上表演的时间往往只有短短的一分钟，但为了台上这一分钟的表演，许多人却要付出十年的艰辛努力，甚至需要付出更长时间的努力。成功不是一蹴而就的，是靠每一天的艰苦付出才获得的，做每一件事就好像建罗马城一样，你要想把它建成、建好，你就必须付出超人的代价和心血。我们应该记住，通往成功的道路从来都不会是一条风和日丽的坦途，人生必须渡过逆流才能走向更高的层次，最重要的是在这个过程中学会等待，蓄积待发，最终一举成功。

很久以前，有一个养蚌人，他很想培育出一颗世界上最大、最美的珍珠。于是，他去大海的沙滩上挑选沙粒，而且一颗颗地询问它们："愿不愿意变成珍珠？"那些被问到的沙粒都摇头说"不愿意"。就这样，养蚌人从早上问到晚上，得到的都是同样一句话："不愿意。"他快要绝望了。

就在这时，有一颗沙粒答应了，因为它的梦想就是成为一颗珍珠。旁边的沙粒都嘲笑它："你真傻，去蚌壳里去住，远离亲人和朋友，见不到阳光雨露和明月清风，甚至还缺少空气，只能与黑暗、潮湿、寒冷、孤寂为伍，多不值得！"但是，那颗沙粒还是无怨无悔地跟着养蚌人走了。

斗转星移，多年过去了，那颗沙粒已经成为一颗晶莹剔透、价值连城的珍珠，而那些曾经嘲笑它的伙伴，有的依然是沙滩上平凡的沙粒，有的已经化为尘埃。

一个人成功的过程就无异于一颗沙粒变成珍珠的过程，在这个过程中，你需要经历痛苦与枯燥，而且你必须等待着，忍耐着，当你走完黑暗与苦难的隧道之后，你才会发现，原来平凡如同沙粒的你，在不知不觉间已经成为价值连城的珍珠。

有个年轻人刚从学校毕业，来到一家杂志社应聘工作，等他赶到杂志社的时候，那里已经挤满了前来找工作的人。过了一会儿，走过来一个人，他自称是杂志社人事处的工作人员，给所有应聘的人每个人发了一份简历表，大家纷纷掏出笔，趴在走廊的椅子上填表。接着，那个人事处的工作人员领着大家走进了一间办公室，说道："主任现在正在开会，请大家在这里忍耐地等待他来面试。"大家等待着，一个小时过去了，那个主任还是没有出现，又一个小时过去了，有的人已经开始烦躁不安，几个人在屋子里走来走去，嘴里小声嘟囔着什么，年轻人的心情也开始变得烦躁起来。

眼看快到中午了，有人开始忍不住了，他们收拾东西离开，而且将门摔得特别响。年轻人也已经不耐烦了，也想跟其他人一样走掉，但他转念一想，自己等了那么久，不妨再等等吧。到了12点了，人几乎都走光了，只剩下这个年轻人和一个坐在他对面的人，那个人看上去很精干，但与年轻人不同的是，他坐得很舒适。

年轻人忍不住问："你是来应聘什么职位的？"那个人

扭过来看了一眼年轻人，漫不经心地回答说："我不是来应聘的。"年轻人惊讶极了："那你在这里等一上午做什么呢？"那个人没有回答年轻人的问题，而是提出了一个问题："你觉得在报社工作需要具备什么样的条件呢？"年轻人想了想，回答说："细心，当然，还有一点也很重要，就是耐心。"听了年轻人的话，那个人脸上露出了笑容，说道："恭喜你，你被录取了。"年轻人这才明白，原来这位精干的人就是主任，也就是这次面试的主考官。

从这个故事可以看出，那位年轻人并非是甘于现状的人，他忍受着等待的枯燥和痛苦，他更明白，自己这样的等待不能一无所获，而是需要有所获得，哪怕是见上面试官一面也好。然而，正是这样不甘于现状的心态让他最后赢得了那份工作。

一个人若是不付出，不努力，就梦想着成功，那根本就是做白日梦，时间不会给予你任何东西，只会给你的人生留下一段空白。生活就是这样，你需要付出，才能有所收获，而这样的付出是不间断的，一旦你放弃了，那你所即将获得的成功也会随之不见。在更多的时候，你的付出与收获是成正比的，你付出的汗水和艰辛越多，你收获的东西也将越多。相反，如果你一点都不想付出，只想坐等成功，那是根本不可能的，你终究等来的是一场空。

集中精力，将任何一件简单的事做到最好

众所周知，人生短暂，人的精力和时间更是有限的。假如我们面对人生的诸多选择，始终不能做到理智放弃，从而导致无数的琐事分散了我们的时间和精力，那么我们也许终将一事无成。这就像是在战场上，要想攻下敌人的堡垒，我们就必须集中所有的弹药和炮火，冲着敌人的碉堡展开狂轰滥炸一样，唯有集中所有火力，才能有所成效。也像是有些人的学习，他们看到什么都想学，也都要学，却都浅尝辄止，最终导致自己什么都会一点，但是没有任何方面能够达到极致。如此一来，只能算是个平庸的人才，丝毫没有过人之处。

很多朋友小时候都曾玩过放大镜，在第一次通过放大镜聚焦把所有的光和热都集中于一点，直到把纸引燃时，大家一定觉得万分惊奇。等到渐渐长大，才知道原来是聚焦的强大作用。毋庸置疑，为了把有限的精力集中起来，散发出耀眼的光和热，我们也要学会聚焦。只有把简单的事情做到极致，我们才能实现人生的辉煌。

从本质上来说，任何一件简单的事情其实都不简单。因为一件事情即使看起来很简单，但是只要我们能够坚持不懈，始终去做，那么这样的简单就会在近乎固执的重复中变得伟大起来。正如人们所说的，一个人做一件好事并不难，难的是做一辈子好事，说的也正是这个道理。

作为一名普通的小职员，阿基勃特在美国标准石油公司里毫不起眼。即便如此，他依然把自己当成公司的主人，每次出差，或者去商场购物，在需要签名的时候，他都会在签名之后写上“标准石油每桶四美元”的字样，即便是在填写收据，或者是给朋友们写信的时候，他也坚持这么做。日久天长，全公司的人都称呼他的绰号“标准石油每桶四美元”，渐渐地，董事长克洛菲勒知道了这件事情，不由得非常感动：“作为公司最基层的员工，居然如此宣传公司，我必须认识这位职员。”就这样，董事长邀请阿基勃特共进晚餐，并且与他进行了深入亲切的交谈。等到克洛菲勒卸任之后，阿基勃特顺理成章地成为第二任董事长。

也许有人会说，阿基勃特只是运气好，只是在签名后面写上“标准石油每桶四美元”的字样，就能成为董事长，简直是天上掉馅饼的好事情啊！的确，这件事情真的很简单，甚至可以称为举手之劳，但是却只有阿基勃特一个人去做了，而且坚持不懈，从未改变。在美国标准石油公司里，一定有很多人比阿基勃特更有才华，也更懂得如何营销，但是他们最终都要接受阿基勃特的领导，做好自己的本职工作。这就是把简单的事情做到极致，即使简单，却并不平凡。

朋友们，当我们羡慕那些能力、学识甚至都在我们之下的人取得成功，千万不要认为他们只是运气好。所有能够得到好运气的人，一定有着过人之处，或者有着坚强的毅力，或者有着顽强的意志，总而言之，他们尽管平凡，却绝不平庸。在日常生活中，我们也要努力把简单的事情做到极致，唯有如此好运才会不期而至，光顾我们的人生。

任何奇迹都孕育于坚持不懈的努力中

古人云，滴水穿石，绳锯木断。小小的水滴，力量那么渺小而又柔弱，就这么一滴一滴，甚至能够穿透坚硬的石头，靠的就是那份坚持。同样的道理，柔软的绳子来回锯动，居然能把木头锯断，不得不说这也是坚持的力量。由此可见任何微小的力量，只要能够坚持不懈地努力，就一定能够积聚小小的力量，最终产生质的飞越，创造奇迹。

作为万物主宰的人类，偏偏在很多时候都无法坚持。因为缺乏自信，因为畏惧困难，很多人一旦遭遇小小的挫折就马上放弃，因此他们才无法看到成功的曙光。假如我们也能拥有水滴的韧性，也能拥有绳子的毅力，那么我们同样能够战胜困难，超越自我，创造生命的奇迹。只有坚持，才能让我们与最好的自己相遇，也才能让我们更顺利地抵达人生的目的地。

在人世间，最容易的事就是坚持，只要把简单的事情重复做，就是坚持，诸如太阳东升西落，海水潮涨潮落，都是坚持。然而，在人世间，最难的事情也是坚持。即便是再简单的事情，要想日复一日、年复一年地重复下来，也是需要极大毅力的。人生短暂，如同白驹过隙，留给人们实现梦想的时间太短太短。大多数人都恨不得能够一蹴而就地获得成功，还有多少人知道成功是点滴的积累，是失败之后经验的升华呢？没有人能够随随便便成功，即便我们不是鸿鹄，也不要成为那小小的燕雀。唯有不断坚持，我们持续爆发生命的小宇宙，让自己在简单的坚持之中创造生命的奇迹。

有一天，苏格拉底正在给学生们上课。一个学生问他：“老师，我们怎样才能成为和你一样的大学者呢？”苏格拉底笑了，说：“今天这节课我们不学习新的知识，只做一件最简单的事情。现在，你们每个人像我这样把胳膊使劲朝前甩，再尽量往后甩，如此反复，每天都要坚持做300下。”看到这个简单的任务，学生们全都不以为然，说：“这么简单，当然能做到。”一个月之后，苏格拉底问学生们：“一个月前我布置的那项简单任务，你们之中有几个人坚持下来了？”教室里大概90%的学生都举手示意老师他们做到了。一年之后，苏格拉底再次问学生们：“一年前我布置的那个简单任务，还有哪些同学坚持在做？”这时，同学们面面相觑，偌大的教室里满满的同学，只有一个同学举起手来。这个同学后来也成为大名鼎鼎的哲学家，他就是柏拉图。

一个简单的动作，同学们都对此不以为然，也非常轻视，却没有想到一个月之后虽然有90%的同学坚持在做，然而等到一年之后就只有柏拉图依然坚持不懈。正因为有着如此坚韧不拔的精神，柏拉图最终才能成为著名的哲学家，取得了令世人瞩目的成就。

通常情况下，人们对于简单的事情总是不屑一顾，觉得以自己的实力一定能够完成。殊不知，坚持并非三天打鱼两天晒网，而是要坚持不懈，只有具备恒久的毅力才能坚持下去。这也正是获得成功的潜质，能够帮助人们摆脱平庸，以顽强的毅力突破自我，超越自我，成就自我。朋友们，不管命运赐予我们什么，都努力坚持下去吧，要相信只要我们坚持不懈，最终一定能够看到希望的曙光，也能够得到成功的青睐。

第6章

在最好的年纪，别因拖延而影响努力

人们常说，人生苦短。有的人青云直上、事业有成，有的人庸庸碌碌、毫无作为，这两种完全不同的人生情境，实则来源于截然不同的两种人生态度，前者珍惜时间、勤奋拼搏；后者则懈怠拖延、行动迟缓。很明显，前者是真正的强者。而如果你也想有所成就，你首先就要战胜自己的拖延症，因为实际上，任何一个人，只要能克服拖延行为和惰性，他的人生已经成功一半了。很多时候，克服拖延症只需要从一个念头开始，一旦赶走拖延，便能主宰自己的人生，提高自己的人生质量。

完美主义也是拖延症的心理成因吗

在我们生活和工作的周围，经常有这样一些人，他们为人处世处处小心，总是认为自己做事没做到完美，他们对自己要求过分严格。因为他们过于认真、拘谨，苛求自己，所以他们生活得很累。他们总以高标准来要求自己，一旦某件事没有做到无可挑剔的程度，那么必定是吃不好也睡不好，总觉得心里不舒服。这种人就是我们常说的完美主义者。然而，我们更清楚的一点是，这个世界上并没有完美的人，也没有完美的事。

通常来说，完美主义者在刚开始从事一件事的时候，都会满怀斗志，认为可以做到完美无瑕，但随着工作进度的推移，他们的激情被磨灭，找不到真正完美的执行方法，此时，他们会选择用拖延来为自己害怕不完美找借口。他们常常会说："再等等，一定有更好的解决方法。""桌子上太乱了，扰乱了我的思绪，我先收拾下。"然而，真正的完美存在吗？这何尝不是一种自欺欺人呢？

心理学家也称，一些人之所以拖延，并不是因为他们缺乏热情，也并不是因为他们能力不足，而是某种形式上的完美主义倾向或者求全心理让他们迟迟不愿下手，导致了他们最后的拖延。

前段时间，某知名广告公司聘请了一名设计师，公司上上下下都在议论这名设计师的来历，这名设计师姓胡，是某名牌大学的硕士研究生，在校期间就为很多大公司做过设计。并且，胡小姐的能力是有目共睹的，在公司的会议上，公司老板张经理曾公开展示过她的作品，并告诫大家以胡小姐为榜样。

然而，令大家感到惊奇的是，不知为何，在胡小姐来公司的第三个月，她就被开除了，一些男同事惊呼："也太没天理了，这样能力超群的美女，怎么就被开了呢？"一些在公司混饭的员工甚至觉得这是老板裁员的第一步，连胡小姐都被开除了，恐怕自己也不远了。种种猜测在员工们之间传得沸沸扬扬，但其实只有张经理明白，胡小姐是个严重的拖延者。

张经理对胡小姐实在忍无可忍了，从第一个月开始，别人都是做了6个作品，而她只交上来3个，每次催她要作品，她就会回答："再给我一天时间，我还是觉得有几个地方不满意。"要么就是："我还没想到怎么收尾呢。"其他员工一个月5000元的工资，胡小姐因为是特别聘请，所以每月8000元，8000元就交上来3个作品，这样的代价实在太大了。还有一点，胡小姐总是抱怨给她的时间太少，每次让她必须把作品交上来的时候，她就因为无法按时完成而变得狂躁。无奈，张经理只好决定另请高明了。

案例中的胡小姐就是吹毛求疵的职场人士，因为总是对工作不满意，她一直拖延工作提交的日期，最后，公司领导只好将其开除。

其实，这样的人在我们周围并不少，他们之所以要求自己做到完美，多半与对自己过高的期望有关联，他们十分在意周围人对自己的评价，他们害怕一旦做得不好，会被人嘲笑或者让自己没面子。他们在做事的时候，总是在不停地问自己："如果再换一种方法呢，是不是更好？"结果，他们总是在尝试寻找最完美的方法。

完美主义者对待任何事情都要求做到极致，工作中如此，对待生活和情感也是如此。

琪琪已经32岁了，毫无疑问，她是一名大龄剩女，她相过不下一百次的亲，周围的亲戚、朋友都替她着急，但她总在回答："不急，我相信我总能找到那个对的人。"而当别人问她为什么没看上相亲对象时，她的答案更是千奇百怪，如"他戴眼镜，视力不好，我怕会影响下一代。""他个子不高，带出去太没面子了。""逛街的时候我看他买打折的商品，肯定是个小气鬼。"……最后，就连那些最要好的朋友也不敢为她介绍男朋友了，因为她实在太挑剔了。

和案例中的琪琪一样，我们的生活中，这样对择偶条件太过苛刻的人实在不少，当他人已经走入婚姻殿堂时，他们还徘徊在人生的十字路口，不知何去何从，这何尝不是一种拖延？身为完美主义者的他们，对于自己的行为的解释是："没有遇到对的人。"然而，那个完美的人真的存在吗？当然不存在！其实，爱情随时可能会到来，怕的就是因为你的完美主义而打了退堂鼓。

的确，追求完美，这是一种追求进步的表现，如果人们都满足于现状，那我们将会止步不前。因此，可以说，追求完美并没有什么不好，相反，很多时候，精益求精对我们的能力、知识、经验等方面都大有益处。然而，当你已经形成一种追求完美的习惯后，你会发现，你做事的效率反而降低了，因为你开始养成了拖延的习惯。

不要苛求自己。你不要总是问自己，这样做到位吗？别人会怎么看呢？过分在乎别人的看法就是苛求自己，你会忽略自己的存在。

要改变自己的观念。你需要明白一点，世界上没有完美的事，保持一颗平常心并知足常乐，才是完美的心境。换一种新的思路，即尝试不完美。

要改变释放方式。当你心情压抑时，你要选择正确的方式发泄，比如唱歌、听音乐、运动等，并且，你要抱着一种享受的心情来发泄，这样，你很快会感受到快乐。

让一切顺其自然。不要对生活有对抗心理，过于较真的人，他们会活得很累，因此在思考问题时要学会接纳控制不了的局面，接纳自己所有的事，不要钻牛角尖。

总之，人生是没有完美可言的，完美只是在理想中存在，生活中处处都有遗憾，这才是真实的人生。事实上，追求完美的人是盲目的。“完美”是什么？是完全的美好。这可能吗？

“凡事无绝对”，哪里来的“完全”？更不要提“完美”了。既然没有“完美”，那你还在等待什么呢？立即执行吧！

压力很多时候只不过是拖延者的借口而已

现代社会，无论我们是身处职场还是商场，谁都无法避开越来越大的压力，面对压力，一些人产生了更强大的动力，迎着压力前进，也有一些人向压力妥协了。

心理学家称，高目标才能调动更高的积极性，使人们朝着目标全力以赴，而低目标则因为其低要求，使人们不愿付出高于工作的努力。后者通常会有这样的表现：面临上级交代的任务，他们只会敷衍了事、拖拖拉拉，这样又怎么能与那些做事果敢、效率高的人竞争呢？可见，压力大很多时候只不过是拖延者的借口而已，他们只是在高压下妥协了。

那么，面对妥协，我们该怎样去做呢？有以下两点建议。

1. 积极主动，冲破压力

美国钢铁大王安德鲁·卡内基在未发迹前，曾担任过铁路公司的电报员。

有一天，正值放假，但卡内基需要值班。就在这个平凡的值班日，却发生了一件意想不到的事。

躺在椅子上休息的卡内基突然听到电报机嘀嘀嗒嗒传来一

通紧急电报，吓得从椅子上跳起来。电报的内容是：附近铁路上，有一列货车车头出轨，要求上司照会各班列车改换轨道，以免发生追撞的意外惨剧。

这可怎么办？现在是节假日，能下达命令的上司不在，但如果不现在决策的话，就会产生一些不可预料的恶果。时间也在慢慢流逝，事故可能就在下一秒发生。

卡内基不得已，只好敲下发报键，冒充上司下达命令给班车的司机，调度他们立即改换轨道以避开一场可能造成多人伤亡的意外事件。

当做完这一切后，卡内基也开始紧张起来，因为按当时铁路公司的规定，电报员擅自冒用上级名义发报，唯一的处分是立即革职。于是在隔日上班时，他写好辞呈并放在上司的桌上。

但令卡内基奇怪的是，上司当着卡内基的面，将辞呈撕毁，他拍拍卡内基的肩头说："你做得很好，我要你留下来继续工作。记住，这世上有两种人永远在原地踏步：一种是不肯听命行事的人；另一种则是只听命行事的人。幸好你不是这两种人的其中一种。"

卡内基之所以成功，是因为他有成功者的品质，这一点，在他未发迹就已经显现出来了。

一个人之所以妥协，并不是能力的不足和信心的缺失，而是在于平时养成了轻视工作、马虎拖延的习惯，以及对工作敷衍塞责的态度。要想克服这一点，必须要改变态度，以诚实的态度，负责、敬业的精神，积极、扎实地努力，做好工作。

2. 积极寻找解决方法，立即行动

我们任何人都不是完美的，都不可能将所有事都做到天衣无缝，即便在规划完善的前提下，依然可能会出现一些问题。这时，如何看待问题、如何处理问题，直接考验到我们的应变能力，如果能立即采取补救措施，则能帮我们转危为安。

事实上，大多数时候，我们遇到的只是一些小问题，但却没处理好，之所以如此，有时候，是我们自身自乱阵脚而已。不难发现，任何一个做事高效、有时间意识的人，都有很强的处理问题的能力。事实上，工作中偶尔出现一些问题在所难免，焦躁、着急、焦虑都无济于事，任何难题，只要从容应付、找到问题关键，都能迎刃而解。

也就是说，遇到问题时，我们应表现出积极的态度，不要发牢骚、不要辩解、不找借口等，如果此时无法调整心态的话，那么，影响会非常大。我们常常看到，一些人在工作出了问题之后，就把责任推卸给自己的同事、合作伙伴或者下属，这样对问题的解决毫无益处，甚至还会延误处理时机。我们先来看看下面这个故事。

在英国的麦克斯亚郡，曾经发生了一件匪夷所思的事：有一个妇女，她的丈夫是个足球迷，他迷恋足球的程度甚至已经到了无以复加、不能容忍的地步，严重影响了他们的夫妻关系。为此，这个妇女便要求生产足球的厂商——宇宙足球厂赔偿她精神损失费10万英镑。当她提出这一诉讼后，很多人觉得不可思议。但后来，这个妇女赢得了官司，因为这位妇女的要求得到了大多数陪审团成员的支持。想到马上就要支付巨额的赔偿费，宇宙足球厂的老板很是忧虑。

此时，宇宙足球厂的公关顾问认为，现在的问题很明朗，那就是这位妇女的控告让足球厂损失了一大笔钱，而如果能通过这次控告重新赚回损失的钱，问题不就迎刃而解了吗？于是，他向公司提出了一个明智的建议：

与其在法庭上与陪审团进行无谓的陈述，还不如利用这一离谱的案例，为公司大做宣传，向人们证明宇宙厂生产的足球魅力之大。

于是，接下来，他们把工作重心放到了与媒体沟通上，让他们对这场官司进行大肆渲染。果然，这场官司经传媒的不断轰炸后，宇宙足球厂名声大振，产品销量一下子就翻了4倍。与损失10万英镑比起来，宇宙足球厂算是因小祸而得了大福。

宇宙足球厂为什么能因祸得福？可以说，这位公关顾问是明智的、冷静的，他看到了问题的关键所在，于是，针对这一问题，他提出了解决危机的方法——借助官司这一免费的宣传手段，从而为企业带来了大量的销路。

另外，我们需要认识到的是，是否能处理问题以及将问题负面影响降到最小，最重要的还是看速度，速度就是效益，一旦问题产生，我们就要明白速度等于一切，一定不能拖延，而应该积极寻找问题出现的根源，还应寻求周围人的帮助，集中一切资源着手解决问题。

不得不说，在我们的现实工作中，一些人在遇到压力时，总是采取逃离、躲避、拖延的态度，他们认为，一切问题会随着时间的流逝而解决的。因为他们面对危机的心态通常是：侥幸心理、鸵鸟政策、推卸责任、隐瞒事实，然而，这一妥协的态度不仅无助于问题的解决，甚至还会产生更严重的问题。

拖延正在消耗你的定力

日常的生活和工作中，我们经常听到“习惯”一词，例如，“你这个人的习惯不好”“我怎样才能改正赖床的习惯”等。所谓习惯，指的是人们成长过程中，在很长一段时间内逐渐形成的一种行为倾向。

从某种意义上说，“习惯是人生最大的指导”。世界著名心理学家威廉·詹姆士这么说的：播下一个行动，收获一种习惯；播下一种习惯，收获一种性格；播下一种性格，收获一种命运！不难发现，好的习惯对于一个人的一生有多么重要。习惯的力量是巨大的，人一旦养成一个习惯，就会不自觉地在这个轨道上运行。如果是好习惯，则会终身受益；反之，就会在不知不觉中害你一辈子。通常我们说一个人素质不高，往往就是因为这个人有许多坏习惯。

很明显，我们讨论的拖延就是一种不好的行为习惯。在人生的征途中，执行力是成功的必要条件之一，与此相对应的拖延自然就成为成功的大敌。拖延带来的“自我击败感”，这种意识常常导致抑郁、消沉、烦恼、妄自菲薄等种种不良的情绪，它可以使人斗志涣散、精神沮丧，使人感到沉重的精神压力。

在分析拖延行为形成的原因时，我们提及拖延的习惯性怪圈。其实，对于拖延者而言，多数情况下，他们也已经意识到拖延行为的负面影响。然而，因为一些不良行为习惯的存在导致了他们定力不足，他们刚刚开始工作的时候，在脑海中就有几种声音出现了：“好累啊，再歇一会儿吧。”“先看看购物网站再工作吧。”这些声音就会对他们的身体传达出指令：停止或者不开始工作。这些人也曾试图改变这些不好的行为习惯，但他们发现，及时工作、提高效率会让他们产生一系列不适感，最后，他们告诉自己：“我做不到”“我改变不了”。

其实，习惯并非改变不了，因为任何行为习惯都绝非天生，坏习惯也可以通过长期的更正来戒除。具体来说，我们要做到以下几点。

1. 培养立即行动的好习惯，代替拖延的坏习惯

我们先来看下面一个哲学故事：

苏格拉底门下有很多学生，他经常带领这些学生四处游

历、饱览名山大川。几年下来，这些学生都学到不少知识，有些还成为满腹经纶的学者，为此，苏格拉底感到很欣慰。这些学生也认为自己可以顺利“毕业”了。

一天，苏格拉底带领这些学生来到一片旷野上，他让大家在草地上围坐在一起，然后对他们说：“现在，你们已经个个都是饱学之士了，你们也马上可以从我这儿毕业了，但最后一次，我再问你们一个问题。”毕业前，老师问的问题当然很重要了，学生们一个个竖起了耳朵，想听听老师会问什么问题。

“我们现在坐着的是什么地方？”苏格拉底问他们。

学生们回答道：“旷野。”

苏格拉底又问：“这里长了什么？”

学生们答说：“草。”

苏格拉底说：“是的，你们都回答了问题，这里长满了草，那么，接下来，我要问的是，你们要用什么办法，才能清除掉这些杂草？”

这是哲学问题吗？一向严谨的老师，怎么会问这么简单的问题？拔除杂草明明是农民才需要思考的问题？学生们都对苏格拉底的问题感到很好奇，但他们还是按照自己的想法一一作答。

“这个问题太简单了，用手拔掉就行了吧。”一名学生抢先开口。

另一个学生答道：“用镰刀割掉，那样会省力些。”

第三个学生回答得更为干脆："用火烧更彻底。"

苏格拉底从草地上站起来，清了清嗓子，然后说："那么，同学们，现在你们就按照自己的方法，划定一片区域，将各自区域的杂草清除掉，明年，我们再来看看自己的战果，看看谁的方法更有效。"

一年后，所有的学生都齐聚在这片曾经长满杂草的地方。令他们高兴的是，这里再不是杂草丛生，但却依然有很多参差不齐的杂草在风中摇摆。然后，苏格拉底带领他们到了另外一块地方，这里不是学生们除草的范围，这里没有杂草，而是长满了旺盛的麦苗，学生们凑近一看，看到了一块木牌，那是苏格拉底的笔迹，上面写着："要想除掉旷野里的杂草，方法只有一种，那就是在上面种上庄稼。"

学生们恍然大悟。

用麦苗根除杂草是一种智慧。我们在培养习惯时，是否可从苏格拉底那里有所领悟借鉴呢？好习惯多了，坏习惯自然就少了。其实，改变拖延的习惯也是如此。如果你是做事拖延、行为懒散的人，你不妨做出几点改变：不要天天叫外卖，学几道小菜，闲暇时做给自己吃；每天整理干净再出门，不要给人邋里邋遢的感觉；工作中，变被动为主动，积极起来；每天坚持学习……

2. 强迫执行，勤奋起来

良好习惯形成的过程，是严格训练、反复强化的过程。

美国著名数学家维纳在回忆父亲对他早期学习习惯的严格训练时说："代数对我来说没有什么困难，可父亲的教学方法，使我们精神不得安宁，每个错误都必须纠正。他对我无意中犯的错误，第一次是警告，是一声尖锐而响亮的'什么'，如果我不马上纠正，他会严厉地训斥我一顿，令我'再做一遍'。我曾遇到不止一个能干的人，可是他们到后来一事无成。因为这些人学习松懈，得不到严格纪律的约束。我从父亲那里得到的正是这种严厉的纪律训练。"父亲严格的训练，终于使维纳养成了良好的学习习惯，以后成为誉满全球的科学巨人。

这里，维纳严谨的学习习惯来自他的父亲一点一滴严厉的教导。我国著名教育家叶圣陶先生也认为，要养成某种好习惯，要随时随地加以注意，身体力行、躬行实践，才能"习惯成自然"，收到相当的效果。我们在改变拖延习惯的过程中，也一定要严格要求自己，决不允许自己有怠惰的行为。

当然，好习惯的养成，并非一朝一夕之事；而要想改正某种不良习惯，也常常需要一段时间，因此，我们不必操之过急。

总之，你若希望拥有一个成功的人生，你就必须养成良好的行为习惯。因为我们的习惯就像是走路，如果你选择了好的行为习惯，也就是选择了一条正确的道路一直走下去。

你在为你的拖延行为寻找借口吗

人生在世，每个人都必须具备责任感，这不仅是对他人负责，也是对自己负责。而借口与托词，则是责任的天敌。然而，在我们的生活中，总是在为自己的拖延行为找借口的人到处都是。这就是不负责任的表现。当他们接收到任务以后，并不是立即、主动地处理，而是不断地拖延，并为自己的拖延找借口。致使工作无绩效，业务荒废。可想而知，这样的人怎么可能有工作和事业上的突破？

习惯性拖延者总是能为自己找出各种各样的借口，我们也总是能看到很多借口的影子：

“因为我资源不足，所以我做不了。”

“我没有完成这些工作，是因为这段时间太忙，毕竟我是一个人，不是机器。”

“我没有做好，是因为我我从来没有过这方面的培训。”

“如果其他人更好地配合我的话，我想我会做会完成的。”

……

无所不在的借口像空气一样弥漫在我们周围。借口变成了拖延的一面挡箭牌，事情一旦没完成，就能找出一些冠冕堂皇的借口，以换得他人的理解和原谅。找到借口的好处是能把自己的懒惰掩盖掉，心理上得到暂时的平衡。但长此以往，因为有各种各样的借口可找，人就会疏于努力，不再想方设法地争取成功，而把大量的时间和精力放在如何寻找一个合适的借口上。

有命令就要去执行，这是我们每个人都应该遵循的做事准则。因为懒惰，你的那些借口能为你带来一时的安逸和些许的心灵慰藉，但是却让你付出更昂贵的代价。

徐翔是某机械公司的员工，已经有5年的工作经验了，5年来，他一直与单位的同事相处融洽，与领导也相安无事。可是，这天，他却失控了，居然与领导拍桌对骂。

其实，对这一点，同事和领导都没觉得意外，因为徐翔对待工作实在太马虎了事了，无论做什么事，都是一拖再拖，经常耽误其他人的工作。其实，原来的徐翔并不是这样的，他的改变是从一次意外事故后开始的。那天，徐翔上夜班，可能是因为太困了，一不小心，他从架子上摔了下来，幸亏架子不高，腿只是有点轻微的骨折，到现在，徐翔走路也看不出来异样。

从那以后，领导安排徐翔什么事情，他都借口自己的腿不方便，毕竟是因为工作出的意外，领导也不好说什么。

时间久了，领导也对他有意见了。一天，他还是和往常一样，比正常上班时间晚了半个小时来到单位，到了以后，他接到一个电话，主任安排他随兄弟部门的车下乡去一趟。于是，原本准备上楼的他就在单位门口等车。可是，一个多小时过去了，却没见到车的影子。原来，下乡的车已经早开走了。他立即打电话给主任说明情况。对此，主任说："那你为什么迟到呢？"

徐翔赶紧来到主任办公室，想当面向他解释清楚。主任却说：“今天，你必须得去。要不然就自己坐公共汽车去。”说完，又忙自己的了。徐翔的怒火“腾”的一下蹿起来。这明摆着就是在惩罚自己，而自己错在哪儿了？“我不去。”他冷冷地说。“嘭”，主任猛地一拳捶在桌上，咬牙切齿地说：“今天你去也得去，不去也得去。”徐翔气急了，也砸了一下桌子。

这一瞬间，主任吃惊地望着徐翔，这时，主任办公室外也已经挤满了来看热闹的人。

从那件事以后，好像主任有意冷落徐翔，他把办公室能处理的事情都交给别人做，这让徐翔寝食难安，最后，徐翔还是决定辞职，因为这家公司他确实待不下去了。

这则职场故事中，职员徐翔总是拿曾经因工受伤这一借口拖延工作，因为拖延，他也与领导产生了纠葛，最终只得辞职离开。

在做事的过程中，经常找借口的后果就是逐渐养成拖延的坏习惯，初始阶段，也许你会有点自责，但随着拖延次数的增加，你会变得盲目，甚至到最后，你也认为自己做不到的原因正是借口中所说的原因。

在很多人羡慕的美国西点军校，“保证完成任务！”是学员们的标志性话语。“保证完成任务！”决不是一句简单的口号，它是一名军人对命令的承诺，它是勇士对责任的崇敬，它是全世界的军人、战士对理想的执着。在西点军校中，任何命令都是言必信、行必果的军令状，只有执行，没有任何借口。因为西点军人的字典里从来没有“借口”两字，在执行任务中，遇到困难总是想尽办法克服，不惜一切代价坚决完成任务。

一个漆黑、凉爽的夜晚，地点是墨西哥市，坦桑尼亚的奥运马拉松选手艾克瓦里吃力地跑进了奥运体育场，他是最后一名抵达终点的选手。

这场比赛的优胜者早就领了奖杯，庆祝胜利的典礼也早就已经结束，因此艾克瓦里一个人孤零零地抵达体育场时，整个体育场几乎空无一人。艾克瓦里的双腿沾满血污，绑着绷带，他努力地绕完体育场一圈，跑到了终点。在体育场的一个角落，享誉国际的纪录片制作人格林斯潘远远看着这一切。在好奇心的驱使下，格林斯潘走了过来，问艾克瓦里，为什么要这么吃力地跑到终点。

这位来自坦桑尼亚的年轻人轻声地回答说：“我的国家从两万多公里之外送我来这里，不是叫我在这场比赛中起跑的，而是派我来完成这场比赛的。”

这是让人振奋的一句话：没有任何借口，没有任何抱怨，职责就是他一切行动的准则！处在平凡岗位的人们，或许你经常感叹为什么成功的机遇总是不光顾你？为什么领导不愿意让你担当重大事件的处理工作？为什么同事们不愿意信任你？那么，不妨从现在开始反省，你是否有拖延、找借口的习惯？如果有，就从现在开始，彻底把借口从你人生的字典中永远剔除，立即执行吧。我们要从以下三个方面努力。

1. 要克服懒惰，选择行动

一个人之所以懒惰，并不是能力的不足和信心的缺失，而是在于平时养成了轻视工作、马虎拖延的习惯，以及对工作敷衍塞责的态度。要想克服懒惰，必须要改变态度，以诚实的态度，负责、敬业的精神，积极、扎实地努力，做好工作。

2. 要端正态度，直面责任

“积极高昂的态度能使你集中精力完成自己想要做的事”。在工作中，应始终保持平常心态，在任何时候，工作和责任始终捆绑在一起，工作越好，责任越大，没有工作也就无所谓责任，要敢于负责。

3. 要没有借口，立即行动

工作的最终目的就是把工作做好，在相应的时间里，实现最大的效益，任何的借口和拖延都将成为工作的敌人。工作的选择、工作的态度、工作的热情都建立在立即工作和立即行动上，只有行动才会让这一切变成现实。

拘泥于细枝末节只会耗费过多时间

我们都知道，认真是任何人做好一件事情的前提，如果对什么事情都敷衍了事，草草出兵，草草收兵，必然做不好。

精益求精、追求完美，这是一种进步的表现，如果人们都懒懒散散、满足于现状，那我们将会止步不前。因此，可以说，追求完美并没有什么不好，相反，很多时候，它对我们的能力、知识、经验等方面都大有益处。我们可以发现，在任何一家企业，他们都强调员工一定要严格要求自己。然而，凡事都有个度，追求完美到了一定的地步就变成了吹毛求疵。而且，从做事效能的角度看，一个人过多地把精力放到了细枝末节上，必当会耗费时间，长此以往，我们就会变得行动缓慢。

在我们的身边，总有这样一些人。如果一件事情没有做到自己满意的程度，那么必定会坐立不安，很不舒服。打个简单的比方，为了确保无误，一份财务报表他会核对几遍甚至几十遍；与客户谈好生意，为了保证客户对产品满意，总是不停地打电话追问；明明能在电话里或邮件中解决的问题，非要面谈；出门前，为了能让自己看上去更精神，会花一小时时间挑选衣服……什么事情都会有个度，追求完美超过了这个度，就会降低我们的做事效能，毕竟我们每个人每天只有24个小时，在一件事上消耗过多的精力，在单位时间内也就无法完成工作计划。

琴琴是某家公司新聘请的文员，她一直是个追求完美的人，无论上司交给她什么任务，她都努力做好。

有一天，她的女上司说："这份资料是急着用的，你把它分成两份，各打200份。"

于是，她开始了自己的工作，而在打印中，她发现，居然有很多错别字，于是，她耐心地把这些错别字改正了，她原以为上司会夸奖她，但事实上，她却因为没按时把资料交上而挨了上司的骂，而最重要的是，那些在她看来是问题的错别字，却是公司的一些专业术语，她一改自然也改变了公司的原本意思，为此，她闹了不少的笑话……

看完这个故事，你想到了什么呢？女员工琴琴为什么会闹出这样的笑话？因为她太苛求细节了。重视细节固然是好事，是一个人负责任的表现，但苛求细节有时却是好心办坏事。而且，在你看来的完美在别人眼里却不一定很完美，因为任何事物都是相对的……

那些做事追求完美的人之所以会过分认真，是因为他们很在乎周围人的看法，害怕一些负面的评价，其实，你要知道的是，我们不会因为一个错误而成为不合格的人。生命是一场球赛，最好的球队也有丢分的记录，最差的球队也有辉煌的一刻。我们的目标是——尽可能让自己得到的多于失去的。那么，过分追求完美的人该如何去调整呢？

1.自己的事情自己做，养成细心的习惯

如果你是一名上班族，那么，出门前你就该整理好当天要用的文件，如果你忘记了，那么，你一定会吸取教训，时间一长，必然会变得细心了。

2.从生活中开始培养自己严谨的做事习惯，减少拘泥于小事的时间。

不难发现，如果一个人连自己的房间都一团糟，鞋子东一只西一只，那么，他必定也是个做事丢三落四、凭兴致所至，观察没有顺序、思考缺乏条理的人。因此，你需要从生活中的小事做起，不断培养自己良好的生活习惯，以减少自己的马虎粗心。常用方法是：自己整理自己的衣橱、抽屉和房间，培养自己仔细、有条理的习惯；自己安排自己的课余时间和复习进度表，培养有计划、有顺序的习惯。天长日久，你就会变得思维严谨起来，做事有规划，自然也就不会把过多时间耗费在细节上了。

我们每个人都深知细节的重要性，细节虽然小，但若是不注意，就会酿成大错。因此，注重细节是做好一件事的前提。然而，不得不承认的是，我们做任何一件事，都不可能做到面面俱到，如果你太过追求完美，那么，你一定会精疲力竭。其实，时间在一分一秒不停地过，而一切都不是静止不变的，生活也在改变，就算你在这方面把事情做得很好，但没有多久事情发生变化，再从另一个角度来看，或许就不是那么完美了。俗话说："计划赶不上变化。"无论你如何尽力，都不能做到百分百完美。你只需注重事情的细节，认真地尽心地把事情做得更好，而不应该苛求完美。

第7章

只有先让自己变好，生活才会跟着好起来

我们发现，在我们周围，那些成功者之所以成功，是因为拥有比常人更为优秀的品质和习惯，例如，坚持学习和读书、勤奋、慎思、坚韧不拔等，也就是说，我们想要成功，首先就要让自己变得优秀起来，优秀的行为习惯将是我们终生的财富。短时间暂时的痛苦，又算得了什么！因此，我们每个人都应该对自己狠一点，只要坚持下去，一旦养成成功者必备的习惯，成功也就指日可待了。

即使你很优秀，也还不够

很多人都觉得自己很棒，然而，王婆卖瓜自卖自夸是不行的。我们只有做到真正的优秀，实现自己的目标，达到成功的标准，才是真的棒。优秀，不是仅凭三寸不烂之舌说说就行的。优秀，是对于生活的一种态度，也是我们对于自己的定义。你，应该问问自己：我真的很棒吗？这份优秀已经足够了吗？

常言道，人外有人，天外有天。一个人如果有能力，那么他的优秀也必然是无止境的。很多科学家，终其一生都在进行科学研究，他们不停地超越自己，努力攀登科学的高峰。他们是真正的优秀，是无止境的求索者。和他们相比，很多人把自己定义为优秀是很可笑的。他们就像井底之蛙，从来没有看过外面的天空。随随便便就把自己定义为优秀，却不知道还有很多比他们更优秀也更努力的人，都非常低调。

从另一个角度来说，即使你已经足够优秀，也是不够的。因为一个人要想获得成功，不但要很棒，还需要为自己制订明确的目标。仅仅有目标也还是不够的，我们还要时刻牢记目标。一个人，只有足够棒，并且有明确的目标，而且还要有自信和勇气，才具备成功的基本条件。这几个方面，对于成功而言都是缺一不可的。

在这几个方面里，勇气和自信的获得无疑是最难的。其实，有很多时候形式主义的东西也能转化为实实在在的力量。例如，我们每天早晨起床，可以告诉自己：我很棒！我是最优秀的！我一定能够战胜困难！我一定能够获得成功！和每天都对自己进行积极的心理暗示的人相比，那些自卑怯懦的人，从气势上先就输了。奋发向上的心，使我们充满面对磨难和挫折的勇气，也是我们奔向目标的恒久动力。

有一天，匈牙利著名的钢琴家李斯特来到了音乐之都维也纳。他闲暇之余，在街道上漫无目的地散步，突然间被一则海报吸引住了。海报上赫然写着：“尊贵的朋友们，我是李斯特的学生，将会于明天晚上在维也纳剧场举办钢琴演奏会。希望朋友们大驾光临，让我们一起接受音乐的洗礼！”看到这里，李斯特惊呆了，他从来不记得自己在维也纳还收过学生啊！他满怀疑惑，慢慢地踱回宾馆。

正当李斯特百思不得其解时，一个年轻的姑娘来找李斯特。李斯特在维也纳并没有熟人，因而再次大吃一惊。姑娘开门见山地说：“李老师，对不起，我冒用了您的名义。我从小就失去了父母，历经千辛万苦，才考上音乐学院学习。然而，我没有能力支付学费，后来只得退学。我穷困潦倒，又没有任何后台。但是我真的非常热爱钢琴艺术，我喜欢跟随着音符的跳动在命运的河流中徜徉。听说您来到了维也纳，所以我就斗胆在宣传海报上自称是您的学生。我知道这么做是不对的，但是我真的需要您的帮助……”说完，姑娘用含着泪花的眼睛深深地注视着李斯特，眼睛里满是渴望和愧疚。李斯特什么也没有说，而是走上前去，邀请姑娘演奏一曲。姑娘拘谨地坐到钢琴前，刚开始时因为紧张，琴声也不够流畅。后来，她逐渐沉浸在音乐的海洋里，完全忘却了自我，李斯特被她如泣如诉的钢琴曲感动了。听完演奏，李斯特真诚地说：“我愿意收你这个学生，此外，你可以在海报上注明，届时李斯特将会亲自为大家登台献艺。”姑娘感动极了，眼泪奔涌而出。李斯特还耐心地指点了姑娘一些演奏的技巧，不难想象，姑娘的演奏会一定能够大获成功。

一个身世悲惨的女孩，在音乐的道路上艰难前行。因为穷困潦倒，也因为没有后台，她不得不在未经允许的情况下冒名李斯特的学生。对于这个女孩的所作所为，李斯特知道之后非但没有生气，反而耐心指点她，并且愿意真正收下女孩作为学生。最让姑娘感动的是，为了给她捧场，李斯特还将亲自登台献艺。不得不说，李斯特爱才心切。也许有人会说姑娘运气好，其实不然。这个姑娘在音乐上定然是有一定的造诣，除此之外，她也很清楚自己的目标，那就是成名成家。为此，她冒昧地说自己是李斯特的学生，接下来又登门拜访李斯特，一定是有着充分的自信，相信自己凭着在音乐上的造诣，肯定能够得到李斯特的赏识。除此之外，姑娘还很有勇气。正是这些综合因素的作用，姑娘才赢得了李斯特的赏识，成功地改变了自己的命运。

在茫茫人海中，要想脱颖而出，显然不是一件容易的事情。这就要求我们，不但要确信自己是最棒的，还要时刻告诉自己是最棒的，从而满怀欣喜、鼓足勇气地奔向自己的目标，实现自己的梦想。很多时候，我们因为忧虑止步不前，却不知道禁锢我们的并非外界，而是我们的内心。只有勇敢地去尝试，生命才能创造奇迹。

当努力成为一种习惯，你就成功了

在大学开学的第一天，教授就问同学们："两点之间，怎样才能做到最短？"听到这个老师强调过无数次的数学题，同学们都有些不以为然。他们异口同声地回答："直线。"还有个同学大声喊道："小学生都知道这个问题的答案。"教授却很平静地说："没错，从数学范畴来说，同学们的回答是完全正确的。但是从人生的角度来说，同学们的回答却有所欠缺。两点之间最短的距离，既有可能是直线，也有可能是曲线。因为在人生之中，成功的定义并不以直线和曲线做界定。在通往成功的路上，如果你选择了最短的直线，但是却并没有如愿以偿地实现成功，无疑你是失败的。相反，如果你们虽则选择了一条弯曲的路，但是最终却如愿以偿地实现了自己的心愿，那么即使你多走了很多弯路，你也是成功的。由此可见，对于成功人生的定义，我们必须重新思考和斟酌。”教授的这番话让同学们陷入了深思。的确，人生的路对于每个人而言都是不一样的。我们唯有让努力变成一种习惯，不要总是奢求捷径，才能实现梦想。

一个人做一件事情并不难，难的是把一件事情做到极致，例如努力。众所周知，每个人的天赋和资质都是不同的。即使资质平庸，只要坚持努力，人们也能够最大限度地发挥自己的能力。当努力成为一种习惯，你也就离成功越来越近。

春秋时期，人们都尊称孔子为“圣人”。孔子的门下有两千多弟子，弟子们全都非常尊重孔子，虚心向他求教。如今，流传百世的《论语》，就是关于孔子言行的记载。《论语》中记载道，孔子虽然学识渊博，但是依然虚心好学，经常向他人请教。有一次，孔子去太庙祭祖，刚刚进到庙里，就惊奇地连连提问。见此情形，有人笑着说：“孔子的学问这么大，为什么还有这么多不懂的呢？难道他不怕这么问别人丢面子吗？”孔子听到这个问题，不以为然地说：“遇到不懂的就要问，这很正常啊！”这时，有个弟子请教孔子：“孔圉去世之后，人们为什么称呼他孔文子呢？”孔子严肃地说：“因为他聪明好学，不耻下问，所以人们才尊称他‘文’。”弟子们思来想去，感慨而又敬佩地说：“老师经常求教他人，也是不耻下问呀！”

晋代，车胤家境贫寒，维持基本的温饱都很困难，因此家里根本没有多余的钱供他读书。在白天随同父母一起辛苦劳累一天之后，他很想利用晚上的宝贵时间多多读书，却因为没钱买灯油，只能白白浪费一个又一个夜晚。一个夏日的夜晚，车胤正在院子里温习一篇文章，突然看到天空中飞着一闪一闪的萤火虫。在漆黑的夜里，萤火虫的光芒看起来并不微弱呢！他脑海中灵光一闪，马上飞奔回到屋子里，翻箱倒柜地找出一只白绢口袋，然后又努力抓了几十只闪闪发光的萤火虫，最后把白绢口袋系紧，悬挂在头顶上。尽管萤火虫的光芒没法和油灯相比，但是总算有了一丝丝光芒。从此之后，只要是在有萤火虫的季节，车胤就会抓来萤火虫照明，刻苦读书。后来，车胤学有所成，最终考取了功名，入朝为官。

对于比自己地位低下的人，能够虚心求教，这就是不耻下问。大凡成功人士，大多数都拥有不耻下问的精神。他们虽然本身学识渊博，经验丰富，却依然怀着空杯心态，抓住生活中的每一个机会积极上进。就连被尊称为“孔圣人”的孔子，也能够在遇到不懂的问题时就虚心求教，我们作为普通人，才华浅薄，更应该有一颗积极上进的心。在第二个事例中，车胤因为家境贫寒，无法入学读书，又因为家里没有多余的钱买灯油，因而不得不白白浪费宝贵的夜晚。后来，他看到萤火虫时突然想出了好主意，从此以后就借着萤火虫微弱的光读书，不得不说这是对于学习执着的热爱。

我们每个人，不管是有天赋的，还是资质平庸的，都应该把努力作为一种习惯。通往成功的道路总是充满坎坷和挫折，从来没有任何人能够一蹴而就。在这种情况下，我们必须坚持努力，习惯努力，才能以勤补拙，最终越来越接近自己的人生理想和目标。

努力向前，不要奢望捷径

提起生活，有人总是有着满心抱怨。不是抱怨命运对待自己太刻薄，就是抱怨遇到的都是不喜欢的人，导致生活处处充满了不如意。尤其是在往成功的巅峰攀登的人中，生活则变得更加面目可憎。他们是那么急迫地想要获得成功，最终却发现成功总是不远不近，若即若离，让人无法靠近。面对这样的现状，他们不由得开始思考：有没有生命的捷径，让我们能够一蹴而就。生命的确是有捷径的，那就是一蹴而就地到达终点，结束生命。如此一来，你又怎么可能享受沿途的美景呢？！其实人生是一场没有归途的旅程，最重要的不是你多么快地到达了终点，而是你在奔赴终点的过程中，欣赏到了什么，有何感悟。这才是我们在人生中真正的获得。

对于那些不自力量、奢求捷径的人，命运总会给予他们无情的捉弄，让他们偷鸡不成反倒蚀把米，最终贻笑大方。

崇祯皇帝在位时，官场上盛行腐败的风气，几乎每个官员都极尽贪污之能事，导致民不聊生。为了整顿官场，崇祯首先以身示范，勤俭节约，甚至常常穿着打着补丁的衣服，同时也采取严厉的措施打击贪污行为，肃清官场。看到崇祯的所作所为，户部的官员韩一良马上改变风向标，决定极力拥护崇祯，以此博得崇祯的赞赏和喜爱。不过，韩一良也很清楚，反腐倡廉是很得罪人的事情，尤其是在绝大部分官员都严重贪污的情况下，搞不好就会成为众矢之的，无处藏身。思来想去，韩一良还是不愿意放弃这个得到崇祯赏识的好机会，因而绞尽脑汁地想出了一个两全其美的好办法。他深信，这个办法既不容易得罪人，又能在崇祯面前表现自己，得到崇祯的赏识。

打定主意之后，韩一良开始给崇祯上奏。他写了很多奏折，把很多此前崇祯所不知道的官场腐败现象都一一列举出来，说得义愤填膺，正气凛然。他还告诉崇祯很多官员的行贿受贿行为，并且以自己打比方，说有很多人给自己金银财宝，公开行贿，想要推开都很难。这封奏折把崇祯看得触目惊心，也感动不已。在如此危急的时刻，居然有人愿意站在他的身边，与他并肩作战。为此，崇祯冲动之下拍案而起，决定提拔写奏折的韩一良，而且是接连官升几级。就这样，韩一良轻而易举地就得到了别人奋斗若干年也得不到的高官厚禄。

毫无疑问，崇祯破格提拔韩一良是有用意的。他看了韩一良的奏折之后，很希望韩一良能言出必行，和他一起力挽狂澜，肃清官场的不正之风。而且，崇祯以为韩一良既然掌握了官场上的这么多黑幕，一定能够稳准狠地出手，好好治理那些涉嫌贪污犯罪的官员。然而，当崇祯让韩一良说出涉案官员的名字时，韩一良彻底呆住了。原来，他给崇祯的奏折里完全是一通胡编乱造，他手里根本没有任何官员贪污腐败的证据。看到韩一良瞠目结舌的样子，崇祯还以为他是因为害怕才不敢说。因而又说，既然你不愿意出卖同僚，那么你总该告诉我是谁贿赂你的吧。殊不知，这个情节也是韩一良编造的。这时，崇祯彻底明白韩一良那篇让他看得热血沸腾的奏折完全是毫无根据的胡编乱造，是为了迎合他而沽名钓誉的所为。崇祯气愤不已，韩一良被崇祯撤销官职，只能灰溜溜地回老家种地了。

原本，韩一良只想抓住机会讨好崇祯，从而帮助自己获得远大前程。却没有想到，他的胡编乱造根本不能蒙混过关，甚至还导致他原本的小官职也彻底丢掉了，再无前程可言。我们可以理解韩一良希望平步青云的心情，但是他不择手段地沽名钓誉，却是完全不可取的。

生活中，每个人都想让自己的人生获得成功，戴上荣耀的光环。然而，任何时候都是一分耕耘一分收获，我们要想得到，首先应该脚踏实地地付出。如果你在没有付出的情况下，就想要拥有金钱名利，甚至不择手段地踩着他人的肩膀往上爬，则着实让人感到可怕。命运总是公平的，对于任何人，命运都没有捷径可以提供。要想获得成功，我们不但要付出汗水和泪水，甚至还要付出自己宝贵的生命。对待成功，唯有虔诚，我们才能越走越近。否则，当你用欺骗的手段来获得成功的青睐，成功会摔得你鼻青脸肿。从现在开始，就让我们踏踏实实，一步一个脚印地朝前走吧！只要你坚持不懈、持之以恒，你最终一定会拥有成功。

爱上读书，要读一切好书

我们都知道，书是使人类进步的阶梯；书是智慧的殿堂，珍藏着人生思想的精华，是金玉良言的宝库。数学家笛卡尔说："读一本好书，就是和许多高尚的人谈话。"的确，对于致力为梦想奋斗的人们来说，读书是开阔眼界、积累知识的根本方法。所以，我们需要明白，读好书也是学习的一部分，你不仅会因此开阔眼界，还能在书中培养自己宽广的胸怀。

其实，爱上读书并不是什么难事，关键是你要明白读什么书，怎么读书，慢慢养成良好的读书习惯。

我国著名的马克思主义经济学家、《资本论》最早的中文翻译者王亚南，从小就酷爱读书。他在读中学时，为了争取更多的时间读书，特意把自己睡的木板床的一条脚锯短半尺，成为三脚床。每天读到深夜，疲劳时上床去睡一觉后迷糊中一翻身，床向短脚方向倾斜过去，他一下子被惊醒过来，便立刻下床，伏案夜读。天天如此，从未间断。结果他年年都取得优异的成绩，被誉为班内的“三杰”之一。

1933年，王亚南乘船去欧洲。半途中，突然刮起了大风，顿时巨浪滔天。当时，王亚南正在甲板上看书，他的眼镜被风吹走了，这时，他赶紧求助于旁边的服务员说：“请你把我绑在这根柱子上吧!”

听到王亚南的话，服务员不禁笑了起来，因为他以为王亚南是害怕自己被巨浪卷到海里去。谁知道，当他真的将王亚南绑在柱子上时，王亚南居然翻开书，聚精会神地看起书来。船上的外国人看见了，无不向他投来惊异的目光，连声赞叹说：“啊！中国人，真了不起！”

这里，我们都应该学习王亚南的读书精神，并要逐渐在生活中培养读书的习惯，长此以往，你必定会爱上阅读。

曾经有人说，人的灵魂不能浅薄、庸俗、无聊，它应永远追求最高尚的东西。使之高尚的重要渠道就是读书。读书无须刻意追求数量。我们不得不承认，现在市场上充斥着各种书刊，并不是什么书目都是适合我们阅读的，真正有品位、适合鉴赏的寥寥无几。

我们不妨先来看下面一个囚犯的日记：

“自从穿上了这身囚服，我才知道什么叫寂寞，我才发现自由是多么可贵。我有一种无法倾诉的无奈，仿佛广袤沙漠里没有一丝风。牢房里，虽然不乏各种新闻，也不乏各种话题，但我不感兴趣。环境特殊吧，彼此都害怕对方窥视自己的内心世界，所以人人都不得不心墙高筑。在这种氛围里，那份孤独就显得更加沉重和百无聊赖。

“于是，为了打发时光，空余时间我便拿出书来读。刚开始，我看的是一些修养身心的书，我不急不躁，细嚼慢咽，居然读了进去。接下来，我又喜欢上了一些道德、法律方面的书，竟让我读出了心得，读出了情感。到后来，我已不光读，而是在‘听’了——听哲人谈人生道理，听名人谈生活经验，听学者对世事的看法，听强者怎样面对挫折。

“时间久了，读的书多了，我才发现自己真的错了，以身试法是多么愚蠢啊，不过现在还来得及，于是，我拿起久违的笔抒发对亲人的思念、检讨曾经的过失……一篇文章的构思过程，就是一次心灵净化与充实的过程，虽然难免有忧伤，有惆怅，但却不浮躁，不空虚。曾经失落、沮丧的心绪已渐渐舒展，漫长的时光已不再无聊，不再孤寂。这是否算一种境界，一份收获？

“我曾经暗叹漫长的牢狱生活，如今却发现如果能够做到把刑期当学期，便可以学到许多对自己有用的知识，学会在寂寞中充实自己，人生才会感到充实，才能得到许多意想不到的收获！”

看到这篇日记，我们不得不感到欣慰，孤寂的牢狱生活并没有让他再次堕落，他选择了以读书来充实自己的内心。

因此，我们可以确定的是，他所读的书是能开启他正确人生之路的钥匙，在读书的过程中，心与书的交流，是一种滋润，也是内省与自察。伴随着感悟与体会，淡淡的喜悦在心头升起，浮荡的灵魂也渐归平静，让自己始终保持着一份纯净而又向上的心态，不失信心地契入现实，介入生活，创造生活。

那么，我们该怎样阅读呢？为此，你需要做到以下几点。

1. 去伪存精，学会挑选健康、积极、有益于自己身心发展的书刊

我们不得不承认，现在市场上充斥着各种书刊，并不是什么书目都能起到充实心灵的作用，真正有品位、适合鉴赏的寥寥无几。因此，在阅读这一问题上，我们并不一定要求读书的数量，而应该重质量。你可以向那些知识丰富者请教，让他们对你的阅读给出一些指导性意见。

2. 注意培养自己的阅读方法

要学会带着感情阅读，这有利于培养自己表达能力以及想象力。另外，你还可以写一些读书笔记，写出自己的感受。另外，睡前阅读是最佳阅读时机，浅睡眠时期最容易进行无意识的记忆，因此睡前的阅读一定要把握。

3. 将书本上的知识与生活认知结合起来

例如，在周末你读完一本海洋动物的书，就可以去海洋馆看看海豚、海豹到底是什么样子；看过植物书后，就可以去野外认识各种可爱的植物。这样就可以使阅读变得很有趣，你的读书兴趣就会逐渐建立起来。

约翰逊医生说：“一个人的后半生取决于他读到的第一本书的记忆。”因此，你需要记住，如果一本书不值得去阅读，就大可以不读，否则，你只会让自己装了一肚子的书，却解决不了生活中的一个小问题。对此，你可以询问父母，让父母引导自己找出喜欢并优秀的文学作品，而不要浪费时间阅读垃圾文字。

书是知识的海洋，读什么书，怎样读，都能对我们产生不同的作用，读一本好书，我们才会从书中获得真正的知识！

第8章

有目标，才有努力的方向

我们都知道，梦想的实现并不是一蹴而就的，而是建立在阶段性的目标的基础上的，需要以奋斗为基石，所以我们需要制订目标和计划，有了计划和目标，我们的行动才有指引。就连那些指挥作战的军事家，他们在战斗打响前，也都会制订几套作战方案；企业家在产品投放市场前，也会做好一系列的市场营销计划。因此，我们无论做什么都应有所计划，目标是实现最终成功的必由之路，否则，一切都是空谈，都是泡影，只有在清晰的目标的指引下，我们才能一步步朝着梦想迈进。

没有方向的路，走得再远也是徒劳

在韩国首尔大学，有这样一句校训："只要开始，永远不晚。人生最关键的不是你目前所处的位置，而是迈出下一步的方向。"这句话的含义是，任何理想不经过实践和行动的证明，都将是空想。只要你心有方向，立即行动，任何理想都有实现的可能，相反，没有方向的路，走得再多也是徒劳，为此，我们能看出目标在我们追求理想的过程中的指引作用！

的确，追求梦想的过程也不是一帆风顺的，无数成功者为着自己的理想和事业，竭尽全力，奋斗不息。孔子周游列国，四处碰壁，乃悟出《春秋》；左氏失明后方写下《左传》；孙膑断足后，终修《孙膑兵法》；司马迁蒙冤入狱，坚持完成了《史记》。伟人们在失败和困顿中，永不屈服，立志奋斗，终于达到成功的彼岸。而当今社会，也有很多人却以失败告终，为什么呢？很多人把问题归结于外在，如时运不济，天资不够等，持这种观点的人，只看到问题，却看不到解决问题的方法；只看到困难，却看不到自己的力量；只知道哀叹，却不去尝试解决问题。这样的人永远也不可能成功。

在唐朝贞观年间有个和尚，要到西天去取经，他需要一匹马。在长安城有一匹马，平时在大街上驮东西，结果被选中了。这匹马有个很好的朋友，是头驴子。平时驴子都在磨坊里面磨麦子。马临走之前就跟它的好朋友道了别。马一走走了17年。17年之后马驮着满满的佛经回到了长安城，它受到了英雄般的欢迎。这匹马也一举成名。马回到它当年的好朋友驴子的磨坊里面，发现驴子还在。它们两个就一起诉说17年的分别之情。马跟驴子讲它这17年的所见所闻。见了非常浩瀚的沙漠、一望无边的大海；去到一条河，木头是浮不起来的，叫黑水河；去到一个地方只有女人，没有男人，叫女儿国；去到个地方鸡蛋放到石头里能够煮熟，叫火焰山。

马讲了很多很多。驴子听完流着口水说："你的经历可真丰富呀！我连想都不敢想！"马就接着讲："我走的这17年你是不是还在磨麦子呀？"这头驴子说："是呀！"这匹马就问它："那你每天磨多少个小时呀？"驴子说8小时。马说："我和唐大师当年，平均每天也走8小时，这17年我走的路程和你走的路程是差不多的。可是关键在于当年我们朝着一个非常遥远的目标，这个目标有多遥远，我们根本看不到边，可是我们方向明确，始终朝着目标迈进，最后终于修成正果。"

我们在笑话驴子的同时，是否也应该反省一下自己呢？实际上，很多人，就过着如同故事中的驴子般的生活，每天工作8小时，每天都重复着同样的工作，每天的工作都是在原地转圈圈，毫无建设性的进展。就这样安于现状，10年、20年之后，周围的人已经步入成功的殿堂，他还在原地打转。而有些人，没有甘于围着磨盘打转，他们有梦想有目标，并且认准目标就一直向前走，即使因为种种原因走了弯路，但是大方向是不变的，因为梦想在前方，在牵引着他们，他们知道，那才是他们的终点。

可见，我们每个人都应该明白一个道理，说一尺不如行一寸，也只有行动才能缩短自己与目标之间的距离，只有行动才能把理想变为现实。成功的人都把少说话、多做事奉为行动的准则，通过脚踏实地的行动，达成内心的愿望。但任何行动，如果没有一个明确的指引方向，都是无意义的。

而实际上，生活中，很多人因为无法承担追求梦想带来的困难和痛苦，就追求安稳的生活，每天两点一线，上班、回家，回家、上班，逐渐对梦想失去激情，而当他们看到他人风光无限时，又嫉妒得要命。天上不会掉馅饼，即使掉了也不一定会砸到你的头上，凡事有因才有果，你付出了才能有回报，甘于现状、不思进取却又企望富贵发达，这就是“白日做梦”。

为此，为成功奋斗的人们，从现在起，你只需树立一个正确的理念，并调动你所有的潜能加以运用，便能带你脱离平庸的人群，步入精英的行列之中！你可以记住以下几点。

1. 关注未来，不要满足于现状

独具慧眼的人，往往具备人们所说的野心，是不会为眼前的蝇头小利而放弃追求梦想的愿望，他们一般是用极有远见的目光关注未来。

2. 为自己拟定各种阶段的目标与规划

长期目标（5年、10年或15年）：这个目标会帮你指引前进的方向，因此，这个目标能否决定好，将决定你很长一段时间是否在做有用功。当然，长期目标还要求我们不可拘泥于小节。东西离你越远，就显得越不重要。

中期目标（1~5年）：也许你希望自己能拥有房子、车子，升职等，这些就属于中期目标。

短期目标（1~12个月）：这些目标就好比是在一场淘汰制的比赛中预赛胜出，它能鼓舞你不断努力、不断前进。这些目标提示你，成功和回报就在前方，鼓足干劲，努力争取。

即期目标（1~30天）：一般来说，这是最好的目标。它们是你每天、每周都要确定的目标。每天当你睁开眼醒来时，你就需要告诉自己：今天相对于自己，我要达到什么样的突破，而当你有所进步时，它能不断地给你带来幸福感和成就感。

3. 不要把梦停留在“想”上

梦想可以燃起一个人的所有激情和全部潜能，载其抵达辉煌的彼岸。但有了梦想，不要把“梦”停留在“想”，一定要付诸行动，制订目标，这才可以带给你真正需要的方向感。

诚然，我们都渴望成功，都有自己的梦想，但梦想并不是参天大树，而是一颗小种子，需要你去播种，去耕耘；梦想不是一片沃土，而是一片蛮荒之地，需要你在上面栽种上绿色。如果你要想成为社会的有用之材，你就要“闻鸡起舞”，甚至需要你“笨鸟先飞”；如果你想著作出精神之作，就需要你呕心沥血……梦想的成功是建立在阶段性的目标的基础上的，需要以奋斗为基石，如果你要实现你心中的那个梦想，就行动起来吧，去为之努力，为之奋斗，这样你的理想才会实现，才会成为现实。

成功的前提是有一个清晰的规划

古人云：“凡事预则立，不预则废。”大到国家，小到个人，做事时都必须要有计划，只有做到缜密行事、步步为营，才能让成功多一份胜算，但凡要把一件事情做好，一般都要经历资料收集、深入调查、分析研究、最终下结论这样一个过程。

诚然，我们已经肯定了理想和愿望在追求成功的道路上的重要性，我们趁早立志，要为未来奋斗，不要让未来的你讨厌现在的自己，要不断为自己设置更高的标准，只有这样，才能取得令人满意的出色成果。但我们需要明白的是，这一愿望的实现必须要有一个清晰的规划，要考虑周全。

很久以前，在黄河岸边有一座村庄，这座村庄的村民经常受到黄河水患之苦，于是，为了防治水患，农民们筑起了巍峨的长堤。

一天，一个老农民在大堤上发现有好几个蚂蚁窝，老农民心想：这些蚂蚁窝会不会对黄河大堤产生一些负面影响呢？于是，他把自己的担忧告诉了自己的儿子和村里人，但他们听后不以为然地说：那么坚固的长堤，还害怕几只小小蚂蚁吗？于是，老农也放心地耕地去了。

谁知道，当天晚上就下起了大雨，黄河水暴涨。咆哮的河水向蚂蚁窝渗透，继而喷射，终于冲决长堤，淹没了沿岸的大片村庄和田野。

这就是“千里之堤，溃于蚁穴”这个成语的来历。在我们生活的周围也经常发生因为细节上的欠缺考虑而导致“满盘皆输”的事情。这告诉我们，在实现梦想的过程中，我们要做到思虑周全，忽略细节容易导致功亏一篑。当然，做好生活中的每一件小事也并不容易。

生活中，我们不少人始终改不了粗糙的毛病，思考问题时，思路紊乱，东拉西扯，始终是稀里糊涂；生活中也是粗糙大意。而结果只能是，事情做不到尽善尽美。而长此以往，也就形成了一些不良的行事习惯，成功更加遥遥无期。

可能你会天真地认为，那些小问题怎么会影响到大局呢？的确，只是一些细节问题。例如，一个小数点，但你要明白，一个小数点的遗漏不仅会影响到你这道题的演算结果，甚至会影响一笔巨大的投资款项。因此，从现在起，你一定要培养自己关注细节的习惯，一件事情，如果你做到了99%，就差1%，但就是这点细微的区别可能会导致你无法做到突破。

的确，没有条理、做事没有秩序的人，无论做哪一种事业都没有功效可言。而有条理、有秩序的人即使才能平庸，他也往往会有所成就。

拿破仑是一位传奇人物，这位军事天才一生都在征战，曾多次创造以少胜多的著名战役，至今仍被各国军校奉为经典教例。然而，1812年的一场失败却改变了他的命运，从此法兰西第一帝国一蹶不振逐渐走向衰亡。

1812年5月9日，在欧洲大陆上取得了一系列辉煌胜利的拿破仑离开巴黎，率领浩浩荡荡的60万大军远征俄国。法军凭借先进的战法、猛烈的炮火长驱直入，在短短的几个月内直捣莫斯科城。然而，当法国人入城之后，市中心燃起了熊熊大火，莫斯科城的四分之一被烧毁，6000多幢房屋化为灰烬。俄国沙皇亚历山大采取了坚壁清野的措施，使远离本土的法军陷入粮荒之中，即使在莫斯科，也找不到干草和燕麦，大批军马死亡，许多大炮因无马匹驮运不得不毁弃。几周后，寒冷的天气给拿破仑大军带来了致命的打击。在饥寒交迫下，1812年冬天，拿破仑大军被迫从莫斯科撤退，沿途大批士兵被活活冻死，到12月初，60万拿破仑大军只剩下了不到1万人。

关于这场战役失败的原因众说纷纭，但谁又能想到是小小的军装纽扣起着关键的作用呢？原来拿破仑征俄大军的制服，采用的都是锡制纽扣，而在寒冷的气候中，锡制纽扣会发生化学变化成为粉末。由于衣服上没有了纽扣，数十万拿破仑大军在寒风暴雪中形同敞胸露怀，许多人被活活冻死，还有一些人得病而死。

拿破仑的失败，正验证了人们说的“成也细节，败也细节”，细节能带来成功，同时也能导致失败。细节就好比精密仪器上的一个细微的零部件，虽然只是一个细小的组成部分，但是却起着重要的作用，一旦这个“零部件”出错，那就意味着全盘皆输。

曾经有位管理专家一针见血地指出，从手中溜走1%的不合格，到用户手中就是100%的不合格。为此，员工要自觉地由被动管理到主动工作，让规章制度成为每个职工的自觉行为，把事故苗头消灭在萌芽之中。也曾有位商界名家将“做事没有条理”列为许多公司失败的一大重要原因。

也许在每个人心中，都有一个伟大的梦想，但成功并不是一蹴而就的，没有人能随随便便成功，这就要求你形成周密的思维习惯。做事没有条理，同时又想把蛋糕做大，这是不可能的。只有步步为营、严谨行事，才能做到更有条理、更有效率。如果你办事不得当、没有计划、缺乏条理，你会浪费大量精力后还是无所成就。

要想把事情做到最好，你必须在心中为自己设定一个严格的标准，并且，在做事时，你一定要按照这个标准来执行，决不能马虎；另外，在做任何一项决策前，一定要思虑周全，并做广泛的调查论证，广泛征求意见，尽量把可能发生的情况考虑进去，以尽可能避免出现1%的漏洞，直至达到预期效果。

全力以赴，持续地努力付出自然会有回报

人生在世，要有一番成就，就必须要有目标,这是毋庸置疑的。正是因为这一点，现实生活中的很多人，他们认为自己当下的工作根本谈不上“惊天动地的事业”，于是，他们总是渴望拥有一份更能发挥自己能力与价值的工作，对自己的本职工作便心不在焉。而实际上，热爱我们的工作并做到专心致志、全力以赴，是每个社会人的职责，也是让自己快乐的源泉。我们死心塌地地对待我们所做的工作时，就能产生火热的激情，它能让我们每天在工作中全力以赴。久而久之，持续地努力付出自然会有回报，你将因出色的表现获得巨大成就。

心理学教授丹尼尔·吉尔伯特认为：当一个人憧憬未来，在他看来，他似乎已经经历了那种美好，但实际上，这不过是一个想象的黑洞，是虚无的。的确，对于未来的过分憧憬，反而会抹杀自己对未来更为可靠的理性预测。

其实，任何时候，成功始于源源不断的工作热忱，你必须热爱你的工作。热爱你的工作，你才会珍惜你的时间，把握每一个机会，调动所有的力量去争取出类拔萃的成绩。

曾有一位教授讲过这样一位毕业生的经历：

杰森是纽约一所著名大学的毕业生，毕业这年，他暗暗下决心，一定要扎根在这个全世界人羡慕的繁华大都市并做出一番事业来。他的专业是建筑设计，本来毕业时是和一家著名的

建筑设计院签了工作意向的，但由于那家设计院在外地，杰森未经考虑就决定不去。如果去了，他会受到系统的专业训练和锻炼，并将一直沿着建筑设计的路子走下去。可是一想到会几十年在一个不变的环境里工作，或许永远没有出头之日，这点让杰森彻底断了去那里工作的念头。

他在纽约找了几家建筑公司，大公司不要没有经验的刚出校门的学生，小公司杰森又看不上，无奈只好转行，到一家贸易公司做市场。一段时间后，由于业绩得不到提高，身心疲惫的杰森对工作产生了厌倦情绪。但心高气傲的他觉得如果自己单干肯定会更好，于是他联系了几个朋友一起做建材生意。本以为自己是“专业人士”，做建材生意有优势，可是建筑设计与建材销售毕竟是两码事。不到一年，生意亏本了，朋友们也因利益关系闹得不欢而散。

无奈之下的杰森只好再换工作，挣钱还债。由于对工作环境不满意，几年下来，他又先后换了几次工作，杰森对前途彻底失去了信心。现在专业知识已忘得差不多了，由于没有实践经验，再想做几乎是不可能了。杰森虽然跨了好几个行业，可是没有一段经历能称得上成功……现实的残酷使杰森陷入很尴尬的境地，这是他当初无论如何也没想到的。

这里，杰森为什么一事无成？因为他总是“这山望着那山高”，一切凭兴致而定，他没有意识到真正的快乐与事业的成功都来自踏实地工作。

有句话说得好：“选择你所爱的，爱你所选择的。”为了培养你对工作的热情，年轻人，你需要做到以下几点。

首先，你要选择你感兴趣的工作。

你应该考虑自己的兴趣。如果工作在某些方面真的令你缺乏兴趣，那么，你就会对它缺少积极性。如果你并不了解自己的兴趣所在，你怎样才能挖掘出它们呢？有很多方法可以做到这一点。例如，在你目前的工作中，你最喜欢它的哪些方面？是和他人共处，还是不和他人共处？是智力挑战，还是解决问题或者某个问题在某一天结束的时候有了具体答案的满足感？

其次，倘若你已经有一份不错的工作，那么，不妨尝试着热爱它。

其实，我们都清楚，大部分工作都不是妙趣横生的，甚至是枯燥无味的。事实上，一件工作有趣与否，取决于你的看法，对于工作，我们可以做好，也可以做坏。可以高高兴兴和骄傲地做，也可以愁眉苦脸和厌恶地做。如何去做，这完全在于我们。所以只要你在工作，何不让自己充满活力与热情呢？

另外，你还需要从工作中寻找成就感。例如，如果你是教师，你可以通过观察每个学生在学习上的进步、心智的成长来获得乐趣；如果你是个医生，你可以从帮助病人排除病痛为己之快乐。另外，你还应该认识到，在每一份工作中，我们都能学到不同的知识。

因此，无论你现在从事什么样的工作，你都应该学会热爱它，即使这份工作你不太喜欢，也要尽一切能力去转变，并凭借这种热爱去发掘内心蕴藏着的活力、热情和巨大的创造力。事实上，你对自己的工作越热爱，决心越大，工作效率就越高。当你抱有这样的热情时，上班就不再是一件苦差事，工作就变成了一种乐趣，就会有许多人愿意聘请你来做你更热爱的事。如果你对工作充满了热爱，你就会从中获得巨大的快乐。

总之，对于任何一件工作，我们都不可能一开始就热爱它，最初可能还有些勉强。但是，必须要反复对自己说："自己正在从事一项了不起的工作。""这是多么幸运的工作啊。"于是，对工作的态度自然而然就会有大转变。

目标指导行动，做好职业规划

人活于世，任何人都有人生的目标。同样，身为职场人士，我们也应该有自己的职业目标，职业目标是引领职业成功的关键。并且，在未来，你走的职业之路并不一定是按照你的职业规划来进行的，而在这样的情况下，做职业规划就更有必要了，因为只有这样，你才能清楚地知道自己当下所处的位置，才能看清自己现下的状况与长期目标是不是偏离了，才能做出调整等。最重要的是，目标指导行动，任何一个有抱负的职场人绝不会允许自己有拖延的习惯，从这一点看，我们也要为自己做好职业规划。

小李已经毕业两年了，在这两年内，她已经跳了五次槽。在这两年的时间里，她先后从事了性质不同的四份工作：民办学校的教师、教育机构的咨询员、办公器材的销售员、保险的推销员。这四份工作只有做教师与她的专业对口，其他都是在招聘单位急需用人她也急需工作的时候达成的，那时单位不考虑她的专业，她也不考虑工作的性质，她只看薪水和招聘单位的承诺，只要薪水满意或者未来的薪水可以达到她的满意，她就做。

就这样，她就像走马灯似的换了四家单位，换了四种工作。

这一次，小李拿着她的中文简历找到一个猎头，希望猎头能为她翻译成英文的简历。她说她看好了一家各方面都不错的外资企业，薪水尤其诱人，所以想制作一份英文简历试试运气。

这位猎头一看这份简历，发现小李用的还是她大学毕业时的简历，只是在工作经历一栏多了几行字，也只有从工作经历里才能看出这不是一个应届毕业生。猎头摇了摇头。

看到猎头的反应，小李其实也明白自己的工作经历没有什么说服力，在叙述工作经历的时候一笔带过，而且把自己的四次跳槽进行了排列组合，将四次改成了两次。

这里，单从小李工作的种类上来看，她所从事的职业无疑是丰富的，经历也是复杂的。但是这种经历在质量上很难让人信服，实在是缺乏说服力。为什么会这样呢？因为她没有明确自己的职业目标，不知道自己要做什么，能做什么，最终导致了职业失去了方向。

小李的经历说明，我们要掌握在职场的主动地位，最主要的就是要有一份职业规划。你需要明确制订未来3年、5年，甚至10年、20年的职业目标，给自己的职业生涯一个定位。这就是职业规划的作用，它使你能时刻感知你自己的存在。

所谓缺乏职业规划，就是指职场人士在步入职场之前或者在职场中时，缺乏对自己能力和发展的明确认识，更没有认清自己所处的职场环境。很多职场人士，他们往往处于这种“不知己不知彼”的状态中，走一步算一步，不知道自己未来的走向如何，更不知道自己可以朝着哪个方向走。不少人连初始的职业选择都存在着困难，很多人不知道自己能干什么，适合干什么，喜欢干什么。其结果，必然导致做了一份自己不愿意做的工作，或者是做了一份不适合自己做的工作，可以想见，这样的话只会逐步失去工作热情、工作散漫和拖延，前途肯定堪忧。

那么，一个完备的职业规划是怎样的呢？

我们每个人都可以给自己定一个长期的目标和短期的目标，综合起来就是职业规划，长期目标指的是你到某一年龄段要达到的目标，而短期目标则是当下或者近期你想达到的，两者并不矛盾，而是统一和谐的。

同时，在制订目标之前，你首先要做的就是了解自己。一方面是了解自己的能力和特长，另一方面也是了解自己的性格特点及兴趣爱好，看能否达到一个完美的结合。如果不能，那么应该偏向于哪个角度发展就需要自己的理性选择了。

为此，你首先要清楚地知道自己能做什么。这是基础，而喜欢做的事情却未必就有机会去做，或者说，适合自己做的事情也未必有机会去做。例如，通过职业倾向性测试可以了解自己适合做什么行业，但是现实却未必能给自己这个机会。所以，自己的能力和特长才是进入职场的基础，也是和其他人竞争的实力所在。

还有，你要了解自己的兴趣。至于自己喜欢做的事情，可以作为长远规划来处理。

现代管理学之父彼得·德鲁克有一句话："我们大大高估了自己一年以后能够做到的事，却大大低估了五年以后自己可能做到的事。"

舍小利以谋远，别因鼠目寸光失去机会

生活中，我们发现，任何一个成功者都是眼光长远的，他们在行事之前，都会权衡利弊得失，更不会因为一些蝇头小利而一叶障目。相反，一些人总以为自己很聪明，懂得抓住眼前利益，而事后他们发现，原来自己是舍本逐末，因为自己贪图一时利益而失去了更大的利益空间。眼光在生命的价值中折射

出舍得的智慧。具备长远的眼光，放下小利，方可成就大业。

眼光长远，就是指的不要只把眼光放到当下。只是更多的时候，我们舍不得放弃手头实实在在的利益，心里想的也是怎样保证眼前的利益不受损失。殊不知，这样做只会任机会溜走，不但不会有所得，严重的甚至会失去更多。舍小利以谋远，关键在一个“舍”字，只有舍得，才能获得。

古今中外，有很多人因为鼠目寸光而失去长远发展的机会，却也有很多人因为眼光长远而成就丰功伟业。

春秋时期，宋、齐、晋、卫等12国联合出兵攻打郑国。郑国国君慌了，急忙向12国中最大的晋国求和，得到了晋国的同意，其余11国也就停止了进攻。郑国为了表示感谢，给晋国送去了大批礼物，其中有：著名乐师3人、配齐甲兵的成套兵车共100辆、歌女16人，还有许多钟磬之类的乐器。

晋国的国君晋悼公见了这么多的礼物，非常高兴，将8个歌女分赠给他的功臣魏绛，说：“你这几年为我出谋划策，事情办得都很顺利，我们好比奏乐一样的和谐合拍，真是太好了。现在让咱俩一同来享受吧！”可是，魏绛谢绝了晋悼公的分赠，并且劝告晋悼公说：“咱们国家的事情之所以办得顺利，首先应归功于您的才能，其次是靠同僚们齐心协力，我个人有什么贡献可言呢？但愿您在享受安乐的同时，能想到国家还有许多事情要办。《书经》上有句话说得好，‘居安思危，思则有备，有备无患’。现谨以此话规劝主公！”

魏绛这番远见卓识而又语重心长的话，使晋悼公听了很受感动，高兴地接受了魏绛的意见，从此对他更加敬重。

这个故事中，魏绛就是个有远见卓识的人。正是因为他懂得从全局考虑，为晋悼公说了一番忠言，才赢得晋悼公的敬重。

人们常说，一个人要想成功，必须要有自己的人生战略。事实也证明，懂得放弃眼前的利益，甚至是吃点小亏的人，最终获得的是比当时还要大上几倍甚至几十倍的收益。同样，与人交往，我们也不可太过功利化，认为对方身处逆境就不与之结交，也不可曲意逢迎那些位高权重者，要知道，三十年河东，三十年河西，只有坚持自己的做人原则，真心待人，才能换来他人的真心相待。

犹太人罗斯柴尔德是一个很精明的商人。长时间的生意经验让他十分清楚地意识到，要在当时那个犹太人备受歧视的社会里脱颖而出，最有效的办法就是接近手握巨大权势的领主并博得其欢心。

好不容易，他被通知可以受当地领主的接见。这是个难得的机会，他觉得自己一定要把握住。为此，他不但把花了很多心血和高价收集的古钱币以低得离奇的价格卖给公爵，同时还极力帮助公爵收古币，经常为他介绍一些能够使其获得数倍利润的顾客，不遗余力地帮公爵赚钱。

如此一来，公爵不但从买卖中尝到了很多甜头，对古钱币的兴趣也越来越浓。罗斯柴尔德和他的关系逐渐演变为带伙伴意味的长期关系，远非只是普通的几笔买卖关系。

罗斯柴尔德是个舍得下血本的人。他为了实现长期战略，宁可舍弃眼前的小利。这种把金钱、心血和精力彻底投注于某个特定人物的做法，日后便成为罗斯柴尔德家族的一种基本战略。如若遇到了诸如贵族、领主、大金融家等具有巨大潜在利益的人物，就甘愿做出巨大的牺牲与之打交道，为之提供情报，献上热忱的服务；等到双方建立起无法动摇的深厚关系之后，再从这类强权者身上获得更大的收益。如果说一两次的“舍本大减价”一般人也可能做得到的话，罗斯柴尔德这种一直“舍本”帮助别人赚钱的做法不能不说是难能可贵的。虽然他得以在宫廷出出进进，但自己在经济上仍然相当拮据。

在罗斯柴尔德25岁那年，他获得了“宫廷御用商人”的头衔。罗斯柴尔德的策略奏效了。

放长线钓大鱼，舍小利获大利，这就是成功的犹太商人的生意经。也是罗斯柴尔德获得成功的心得。人际博弈中也是如此，为了得到长期的利益，必须在开始的时候让对方尝到他一辈子也忘不掉的甜头。

在现实生活中，无论是与人竞争还是与人合作，我们都不要总是计较眼前的利益，而是要把眼睛看向远处，懂得从长远利益出发，舍小利为大谋，这正是一种难得的智慧。

第9章

别只知一味努力，做事灵活应变更重要

我们生活中的任何一个人，从进入社会的那一刻起，就要学会如何做人、做事，凡事都要多思考，要懂进退。事实上，要想成功，一味地努力是不够的，还需要运用思维的力量，灵活变通，懂得调整自己努力的方向，懂得顺势而为。只有这样，你才能避免走很多弯路，在追求成功的道路上，你也才能走得一帆风顺。

以退为进，是一种舍得的智慧

古往今来，人与人之间都存在竞争，只有竞争，才能取胜，才能脱颖而出，为自己赢得一席之地。当今社会，竞争更是尤为明显，因为人际的竞争结果往往与人们的生存质量息息相关。因而，人们再也不能固守着自己的一片天地高枕无忧了。但我们还应该看到，太过看重竞争而导致杀机四伏，着实会使人草木皆兵，给人际交往带来重重障碍。这时候，我们需要以退为进，学会妥协，这也是一种舍得的智慧，表面上看，我们舍掉的是继续往前的机会，但后退几步，我们得到的可能是更大的成功。

赵先生在一家外资医药企业供职，有着十几年的工作经验，先后做过部门经理和总经理助理。在外企工作的十几年里，赵先生遭受过不少白眼，但他总是保持谦虚的态度，忍耐，只希望自己终有一天能出头。就在今年，赵先生却打算跳槽了，去一家民营企业做副总裁，他说："自己年近40了，虽说有一些资历和工作经验，但与外企里30岁左右的年轻人相比，不管是知识结构还是工作精力，都远远比不过他们，与其等着自己被年轻人挤走，不如换个更适合自己的工作环境。"说到这里，赵先生开玩笑说："我这也是谦卑的智慧，以退为进的策略。”

果不其然，由于民营企业比较缺乏人才，而赵先生所掌握的是外企管理理念，完全可以作为新鲜血液注入企业。而且，民营企业支付给赵先生的薪水是外企的两倍，赋予其更大的权力。现在，赵先生再也不是那个遭人白眼的普通外企员工了，而是率领着近百名员工，做着之前在外企想做却不敢做的事情，自己非常有成就感。

忍耐、退让并不是意味着失败，相对于“前进”“退一步”更是一种生存智慧和处世哲学。我们都知道，在动物世界里，狮虎都懂得进退之道，主要是为了猎获对象或者保护自己。同样的道理在生活中也可以运用，许多人只知道乘胜追击，却不知道退一步再前行。殊不知，使劲向前冲，不仅会让自己身心疲惫，而且也难以实现成功。以退为进，看似退让，看似是一种舍弃，其实是为日后的成功做好准备。无论是生活还是工作，凡事都不要那么强出头，收敛一点，暗中使劲，将来定能出人头地，而且也不会遭人嫉妒和排挤。

可见，懂得减速和停止，是人生的一种境界。有时候，一味地追求高速度并不能达到目标，因为用了多大的冲劲，就可能招致多大的损伤。或许就是因为有了喘息的机会，才有足够的体力进行下一步的飞跃。

春秋时候，晋献公听信谗言，杀了太子申生，又派人捉拿申生的异母兄长重耳。重耳闻讯，逃出了晋国，在外流亡19年。

经过千辛万苦，重耳来到楚国。楚成王认为重耳日后必有大作为，就以国君之礼相迎，待他如上宾。

一天，楚王设宴招待重耳，两人饮酒叙话，气氛十分融洽。忽然楚王问重耳：“你若有一天回晋国当上国君，该怎么报答我呢？”重耳略一思索说：“美女侍从、珍宝丝绸，大王您有的是，珍禽羽毛、象牙兽皮，更是楚地的盛产，晋国哪有什么珍奇物品献给大王呢？”楚王说：“公子过谦了，话虽然这么说，可总该对我有所表示吧？”重耳笑笑回答道：“要是托您的福，果真能回国当政的话，我愿与贵国友好。假如有一天，晋楚国之间发生战争，我一定命令军队先退避三舍（一舍等于30里），如果还不能得到您的原谅，我再与您交战。”

4年后，重耳真的回到晋国当了国君，就是历史上有名的晋文公。晋国在他的治理下日益强大。

公元前633年，楚国和晋国的军队在作战时相遇。晋文公为了实现他许下的诺言，下令军队后退90里，驻扎在城濮。楚军见晋军后退，以为对方害怕了，马上追击。晋军利用楚军骄傲轻敌的弱点，集中兵力，大破楚军，取得了城濮之战的胜利。

这就是“退避三舍”的故事，以退为进，然后诱敌深入，从而给自己留下了主动出击的后路，获得最后的成功。

其实，当今社会，做人做事亦是这个道理。高手如云，不少人争强好胜，锋芒毕露，给人造成了咄咄逼人的感觉，其结果往往适得其反。其实学用点心机，适当“示弱”，并不是表示你无能，有时反而能起到化解矛盾、以柔克刚的作用，取得意想不到的妙效。承认“无知”，多学多问，是走向成功之路的必备素质。学会了妥协，就能学会以屈求伸，以退为进，以静制动，以柔克刚，你才可能成为最后的胜利者。

以退为进，是一种智慧，会助你不缓不慢地达到目标。举个很简单的例子，当你走在沙漠中，你的食物和水都没了，而你也不知道方向，此时，你可能会心慌意乱，这就是为什么有些人会死在沙漠中。而倘若能冷静下来，借助星辰找准方向，朝着一个方向走，结果会大不一样。

以退为进，也不是一味忍让，而是为了实现双赢。“将相和”的故事中，蔺相如一而再，再而三地忍让着廉颇，终于使廉颇认识到自己的错误，使自己和廉颇都能各尽其用，使赵国繁荣昌盛。李嘉诚不贪小利，对于失败的竞争对手，他并没有死追穷打，留条财路给他人，最终使他自己成为亚洲第一富豪。以退为进，不仅为自己，也为了别人。

可见，退，是为了更好地进。以退为进，以舍求得，才是真正的大智慧。

不过，我们也不可能事事退让，退让要看具体情况，要看你的大目标所在。也就是说，为了达到大目标，可以在次要的目标上做适当的让步。这种妥协并不是完全放弃原则，而是以退为进，以屈求伸。我们要有长远的眼光，以大目标为我们交际的根本动力，适当的时候妥协，才会离我们的大目标更近一步！

与其错误地坚持下去，不如明智地放弃

一直以来，中国人都比较推崇坚持的精神，人们常说“坚持就是胜利”，古代郑板桥也说“咬定青山不放松，任尔东西南北”。诚然，我们不得不承认一点，那些成功者之所以成功，很大程度上因为他们有锲而不舍的精神，但并不是所有的坚持都会迎来胜利，错误的坚持有时就是一种自欺。在这个世事难料的世界，种种的原因都可能会制约着我们梦难圆，很多时候，当这条路行不通的时候，与其错误地坚持下去，不如明智地放弃，然后另选一条捷径。

战国时期，在齐国有个叫黔敖的善人，总是行善好施。这年，齐国出现了严重的饥荒。于是，黔敖在路边准备好饭食，以供路过饥饿的人来吃。

一天，有个饥饿的人很想接受黔敖的施舍，但却很爱面子，于是，他只好用袖子蒙着脸，无力地拖着脚步，莽撞地走来。黔敖看到这个人，就左手端着吃食，右手端着汤，对他说道：“喂!来吃吧!”那个饥民扬眉抬眼看着他，说：“我就是不愿吃嗟来之食，才落到这个地步。”黔敖追上前去向他道歉，他仍然不吃，终于饿死了。

“宁可饿死，也不受嗟来之食”，表面上看，这是有自尊心的表现，但实际上，这是典型的“死要面子活受罪”，如果没有了生命，又何来自尊呢？这就是错误的坚持。然而，在我

们的现实生活中，这样的人着实也不少。他们在人生发展的道路上，总是愿意一条道走到黑，他们浑浑噩噩地度过每一天，在错误的道路上越走越远，逐渐迷失了自己。

智者总是择善而行，懂得适时地放弃。坚持真理是人们所称颂的，但不辨是非、坚持错误做法的行为是愚蠢的。如果一个人总是错误地对一切进行坚持，最终将会走入死胡同，留下的将是难过与后悔。错误的坚持是愚蠢的。

从前，有一位潜心布道的神父。

这天，他按照计划来到一个小村子，他走进了教堂，准备为这里的人祈祷。但突然天下起了大雨。不到几个小时的工夫，洪水就淹没了整个村庄，教堂也没有幸免。

他发现，洪水已经淹没了他的膝盖。村里的警察很快赶来了，并让他赶紧离开教堂，但神父却固执地说："不，我不走！我坚信仁慈的上帝一定会来救我的，你先去救别人吧！"

过了一会儿，水越来越深了，已经淹没了神父的腰部，神父只好站在椅子上继续祈祷，这时，有几个救生员划着救生艇在教堂外大喊："神父，赶快过来，我们救你走！"神父还是执着地说道："不，我要坚守着我的教堂，相信慈悲的上帝一定会将我从洪水之中救出去的。你赶快先去救别人吧。"

又过了半个小时，整个教堂完全被洪水淹没了，神父只好爬上十字架，在滚滚的洪水中坚持着。这时候，一架直升飞机缓缓地飞到了教堂上方。飞行员丢下悬梯，大喊道："神父，快上来吧，这是最后的机会了，我们可不愿意看到你被洪水冲走！”神父依然意志坚定地说：“不，我要守住我的教堂！上帝绝对会来救我的，你去救其他人吧。上帝会永远与我同在！”

固执的神父最终没有逃脱被滚滚洪水冲走的命运……

死后的神父还是有幸到了天堂，他质问上帝，为什么不来救他？上帝回答道：“我怎么不肯救你了？你忘记了？第一次，我派人劝你离开那危险的地方，可是你却坚决不肯；第二次，我派了一只救生艇去救你，但你还是一意孤行不肯离开；第三次，我以对待国宾的礼仪待你，又派了一架直升飞机去救你，结果你还是不愿意接受我的救助。是你自己太固执了，总是不肯接受别人的救助，我在想，你是不是太想见到我了，那么，我就成全你吧。”神父顿时哑口无言。

这个故事告诉我们，错误的坚持是不可取的，在人生的旅途中经常会遇到许多分岔口，与其盲目地前行，不如在适当的时候停下来想一想，什么才是自己的需要，什么能使自己更快地走向成功。选择是人生成功道路上的必做的事情，只有量力而行的明智选择才会拥有辉煌的成功，然而那些错误的坚持是要不得的。就像这位神父一样，本来有三次求生的机会，但是就因为他的错误坚持，最后把这些机会都放弃了。

与其错误地坚持下去，不如明智地放弃，然后另选一条捷径。当然，这需要我们准确地定位自己、认清自己，看到自己的价值，然后懂得适时放弃错误的选择，这样，你就能充分挖掘到自己的内在动力，再朝着正确的方向努力，从而充分发挥自己的价值。

不能否认，坚持到底一直都是成功者对我们的忠告，这也是他们成功的秘诀之一，然而，假若出现在我们面前的是一条完全走不通的路，那么，我们绝不可一条道走到黑，这时，放弃这个错误坚持则更加重要，然后再做明智的选择，行走另外一条路。因为天无绝人之路，上天在关掉一扇门的同时，也会为你再开一扇窗的，所以，错误的坚持我们绝对不提倡，灵活应变，才更易达到目标。

总之，对于那些错误的坚持该放手的时候就要明智地放开手。对于一件没有结果的事情过于坚持是错误的，明知道这是一条走不通的死胡同，却还要继续往前走，面对的也许只有痛苦与浪费时间。

向成功者学习经验，也要进行取舍

在人生的道路上，每个人都梦想着能够获得成功，因而他们总是学习成功者的经验，更有甚者会把成功者的成功模式照搬过来，套用到自己身上。殊不知，每个人都是一个独特的个体，这也就决定了每个人的人生都是不可复制的。我们可以学习成功者的经验，但是却不能全盘照搬成功者的经验，否则就会因为情况不相符导致经验不可用，或者无法起到预期的效果。此外，万事万物都处于随时随地的变化之中，我们处理事情和解决问题时，必须根据事情当时的现实情况做出定夺，而不能仅凭他人成功的经验就冒进，否则带来的只会是损失和挫折，而不会是成功的再现。

毋庸置疑，他人成功的经验一定是值得我们借鉴的，但正如郑板桥所说，学我者生，似我者死。这句话告诉学生们必须学习老师，而不能一味地模仿和复制，否则就会毫无生命力可言。向成功者学习也是如此，只能学习其神，而不能学习其形，否则就无法得到其成功的精髓，也使我们的学习陷入被动和消极之中。记住，他人成功的经验并非是包治百病的灵丹妙药，因而不会放之四海而皆准。明智的人在学习的过程中一定会进行取舍，取其精华，去其糟粕，这样才能让学习事半功倍，也使我们获得成功的道路更加通达。

在第二次世界大战期间，美国吉列公司推出的新产品，以“自己刮胡须”为理念迅速颠覆了人们的传统刮胡须模式，让大家都对这样方便适用的刀片爱不释手，也因此使得吉列公司的刀片迅速占领市场，在全美国掀起了一股自己刮胡须的热潮。在第二次世界大战之后，吉列公司再接再厉，对刀片进行改进，从而避免人们在安装和替换刀片时手指有可能被割伤的风险，果然这种刀片一经问世就引起热烈反响，吉列公司的发展势头在良好的销售情况下也更加强劲。然而也许恰恰是因为如此乐观的情况，导致吉列公司麻痹大意，自以为能够继续垄断刀片市场。在1961年之后销量却急剧下滑，市场占有率也迅速下降。

原来，1961年，英国的剃须刀市场出现了一种“超级刀片”，这种刀片是由不锈钢制造而成的，不但锋利，而且遇水也不生锈，因而使用寿命大大延长，也为消费者节省了很多资金。可想而知，当这种刀片进入美国之后，美国市场马上就像被投入了一枚炸弹一样，把吉列公司垄断的刀片市场炸出了一个大大的缺口，使得不锈钢刀片迅速涌入，并且占领了一部分市场。在当时，那些在与吉列竞争过程中处于下风的刀片公司，纷纷代理销售这种不锈钢刀片，但是吉列公司此时却因循守旧，顾虑重重，并没有及时生产不锈钢刀片，而是被动地等待厄运的降临。最终，吉列公司的市场占有额急剧下降，不得不被迫进军不锈钢刀片市场，却因为不断犹豫错失良机，导致下降之后的份额无法提高。

不得不说，吉列公司的高层管理者对于市场的反应不够灵敏，这也直接导致他们在面对市场的剧烈反应时无法做出对策，更无法及时决策，最终导致销量下降，份额减少，也导致失去宝贵的发展先机。任何成功的经验都无法照搬，不管是对于个人而言，还是对于企业而言，在沿袭成功经验的同时，一定要及时顺应时代发展的形势做出改变，这样才能恰到好处地解决问题，也才能与时俱进，把经验真正转化为自己的所有。

面对任何问题，要想真正解决问题，都必须从现实出发，一切脱离现实解决问题的方案，哪怕听起来或者说起来多么完美无瑕，都是站不住脚的。尤其需要审时度势，才能不再拘泥于常规或者是他人成功的经验，所谓变通，只有变才能通。

发散性思维，换个角度思考问题

正所谓人生不如意十之八九，人生在世，每个人在生活和工作中都难免会遇到各种困难和障碍。有时，即便我们倾尽全力，非常努力，也无法使人生赢得更大的进展，在这种情况下，如何打破僵局呢？其实，人生是没有绝境的，很多时候我们看似陷入人生的绝境，只不过是因为思路的限制，导致人生陷入僵局，无法转化，所谓解铃还须系铃人，此时一味地从事情本身出发寻找客观原因很难收到成效，我们必须从自身出发，反省自身，这样才能换个角度思考问题，从而柳暗花明又一村。

实际上，对于人生中的诸多问题，我们与其盲目对待，或者直接面对，不如保持冷静和理智，采取迂回曲折的态度从容应对。例如，当这条思路走不通或者于事无补时，我们不妨换条思路继续思考。只要能够不断挖掘自身的潜力和能力，我们就总能从其他角度找到解决问题的方法，从而使问题出现转机。所谓条条大路通罗马，从心理学的角度而言，就是采取发散性思维的方式，找到更多的方法解决问题。

作为某家公司的高层管理人员，张坤如今面临着进退两难的选择。一则，他很厌恶自己的顶头上司，所谓道不同不相与谋，他们在工作中总是针锋相对，谁也不服气谁，这导致张坤在处理工作上的很多问题时感到非常为难。二则，他已经经过十几年的耕耘，成为公司高层，不但职位很高，薪水也是水涨船高，这使他感到很满意。然而前段时间，他又因为某些原因与上司发生冲突，导致工作起来更不愉快。思来想去，张坤决定和妻子商量这件关系到他本人以及整个家庭生活状况的大事情。

张坤的妻子是一家公司的人力资源管理者。对于张坤的苦恼，一直以来从事人力资源管理工作的妻子当即表态："其实，人际关系的难题对于很多职场人士而言都是存在的。你与其与上司针锋相对，丢掉这么好的一份工作，到新的公司重新开始，不如想办法调整与上司之间的关系，这样岂不是皆大欢喜吗？毕竟，你工作上的成绩有目共睹，没有哪位上司愿意失去一位得力助手和干将。此外，你也可以让猎头公司给你的上司打电话，说不定他还想另谋高就呢！"在妻子的启发下，张坤改变思路。他先是尝试着与上司搞好关系，发现收效甚微之后，又联系猎头公司，给他的上司打电话推荐更好的工作。出乎张坤的预料，他的上司对于眼下的工作也不是很满意，居然很快就接受了猎头公司推荐的新工作。就这样，张坤突然得到提拔，成为上司的接班人。

这原本可能是一个很悲壮的人到中年被迫重头再来的故事，至此，成为一个欢乐的故事。不但张坤的上司得到新机会，欣然跳槽，张坤居然也因祸得福，因为这件绞尽脑汁的事情得到了实实在在的好处，他接替了上司的职位，从此之后更上层楼。

是啊，大多数职场人士在与上司有了矛盾之后，第一反应就是自己辞职不干，从而躲开上司，另谋高就。但是张坤的妻子拥有发散性思维，她提议张坤先尝试着与上司搞好关系，如果不见成效，再帮上司找到合适的工作，从而不但解决了难题，而且还为张坤创造出晋升机会。不得不说，这是让人皆大欢喜的结果，不但上司高兴，张坤也必然非常高兴。

现代社会，每个人都想在生活中找到自己的最佳位置，实现人生的价值。然而，我们要想为自己争得一席之地，首先就要提升自己，为自己赢得更多的晋升和发展机会。其次，我们还要密切观察客观世界，这样才能收集到更多的对自己有用的信息，从而帮助自己在工作和事业上开创出崭新的天地。

记住，人生没有死胡同。当思维受到局限，当事情陷入无法调节的僵局，我们不妨改变思路，从而让自己的人生遍地开花。要记住，世界上没有任何东西会处于永远不变的状态，我们唯有改变思路，一往直前，才能跟得上整个时代的潮流，与时俱进，也才能彻底解决落伍的难题，从而让自己的人生更加坚决果断，有勇有谋。记住，要让我们的思路变成撑开的伞，不要成为收起来的伞。

第10章

自控很重要，别为自己找任何放纵自己的借口

心理学上认为，自控力是一种意志力，任何一个人，要追求成功和幸福，就需要有较强的自控力。良好的自控力是成功和幸福的助力、保障，同时也是一个人性格坚强的重要标志。我们每一个人都要记住一点，人生只属于自己，一味遵循他人的思想，不敢面对真理是懦弱的表现，这样的人生是悲哀的。我们应该成为主宰自己命运的人，走自己的路，走出自己的风格，走出自己的个性，我们的人生才会是独特的，才会是精彩的。

没有坚强的定力，根本无法行走于人生的江湖

没有人的人生永远一帆风顺，大多数人的人生都要经历坎坷和挫折，甚至遭遇看似灭顶的灾难，才能在颤颤巍巍中让自己磨炼得意志如钢，也才能让自己的人生变得更加坚韧不拔。因而在命运的无情捉弄面前，我们与其哭泣，与其抱怨，不如努力提升自己，让自己成为主宰一切的强者，唯有如此，我们才能涅槃重生。

毋庸置疑，这个世界上成功者凤毛麟角，尤其是那些让人瞩目的成功者，更是占据了天时地利人和。大多数人都很普通，他们看起来默默无闻，也没有独特的过人之处，然而他们并非没有属于自己的成功。没错，成功其实也是极具个性的人生成果，千万不要拿那些名人的成功标准直接套用在自己身上，因为那根本不是属于你的成功。我们要寻求自己的成功，因为我们的人生是独一无二的，所以我们的成功也应该是独一无二的。很多人都知道东施效颦的故事，故事里的东施盲目模仿西施，最终贻笑大方。我们在成功之路上也要避免东施效颦，我们必须把握自己独特的命运，才能主宰人生的一切。这就要求我们不但要明智，要有主见，更要有极强的自制力和自控力。毋庸置疑，现代社会中的各种诱惑实在是无处不在，如

影随形，让我们避之不及。举个最简单的例子，原本一个人的梦想是成为一名清正廉洁的官员，但是他在走上官员的岗位上之后就因为禁受不住物质和金钱的诱惑，收受贿赂，锒铛入狱，如此一来，他还如何实现自己的目标呢？不但金钱权势是诱惑，美色和名利也同样是诱惑，甚至美味可口的佳肴、华丽的服装等，都会成为有些人的诱惑。由此可见，没有坚强的定力，根本无法行走于人生的江湖。

迪斯尼从小就是一个顽皮且机灵的男孩，他在文学和绘画方面表现出色，独具天赋。早在10岁之前，他就阅读了很多名著，且能理解其中蕴含的深意，他每次都能圆满完成老师布置的绘画作业，博得老师的赞赏。

有一次，老师安排孩子们回家之后画一幅花，迪斯尼居然别出心裁，把花朵画成人脸的模样，并且表情栩栩如生。他还把花朵的叶子画成人的手，整幅画看起来就像是人的手在托着一朵花，活灵活现。最后，他把花盆画成椅子，远远看去，这幅画就像是一群孩子坐在椅子上手舞足蹈，正在进行表演一般，让人一眼看去无法忘怀。不想，这样一幅美妙的作品却惹得老师非常生气，因为他觉得迪斯尼的作品完全不符合现实世界，因此他不仅当场粗暴地撕碎了迪斯尼的画，还呵斥迪斯尼以后不许这样胡作非为。

迪斯尼很委屈，回家之后把事情的原委告诉爸爸，爸爸告诉他："孩子，一个人如果不能主宰自己的命运，就会成为终生的奴隶。”小小的迪斯尼记住了父亲的话，坚持自己，没有改变。后来，他在服兵役期间不停地创造绘画作品投稿，但都如石沉大海。服兵役结束后进入广告公司工作，他的绘画才能依然得不到赏识，他甚至还因此被辞退。

处处碰壁的迪斯尼与哥哥一起于1923年10月成立了“迪斯尼兄弟公司”，并且度过了发展初期最艰难的时刻，最终以他们创造的米老鼠和唐老鸭而闻名世界，举世皆知。从此之后，这两个经典的动画形象为迪斯尼赢得了27项奥斯卡金像奖，这份殊荣举世无双。

倘若迪斯尼改变了，顺从老师的意愿让自己充满想象力和创造力的作品符合现实社会的标准，那么也许今天就没有米老鼠和唐老鸭以及众多经典迪斯尼形象的诞生。小小的坚持，也许就会彻底改变我们人生的命运和轨迹，使我们变成人生的赢家。否则，一味地委曲求全，跟随他人的态度和意见而改变，最终只会让我们迷失自己，也无法成就真正的自己。我们需要的不是他人的成功，而是属于我们自己的成功，这一点从未改变过，对于任何人都很适用。

做自己的主人，我们对于命运的把控也会变得更强；做自己的主人，我们才能主宰自己的命运。只要你坚持不懈，只要你不忘初心，只要你努力不放弃，一切都有可能实现！

无论如何也不要为自己找懈怠的理由

人有强弱之分，更普遍的是强者更强，弱者更弱，弱肉强食。为什么会这样呢？因为弱者很多时候并不是努力充实自己，让自己变强，而是花费太多的时间抱怨，抱怨命运的不公。他们可能不明白，绝对的公平是不存在的，能力强才是硬道理。既然我们没有办法选择社会环境，为什么我们不选择改变自己呢？因此，我们与其去抱怨，不如努力提高自己，为自己在未来的竞争中处于优势而提前练好基本功，这才是正道。功都不想练，却想能够成为赢家，天下有这么好的美事吗？

所以，我们需要记住的是，在如今竞争激烈的现代社会，面对压力，我们无论如何也不要为自己找懈怠的理由，而应该勤奋努力，朝更高的目标奋进。

有位名不见经传的年轻人，第一次参加马拉松比赛就获得了冠军，而且还打破了世界纪录。

当他冲过终点时，记者蜂拥而上，不断地追问："你怎么会取得这么好的成绩？"

年轻人气喘吁吁地回答："因为我的身后有一匹狼。"

所有的人听后都惊恐地回头张望，但并没看到他身后有什么可怕的东西。

这时他继续说："3年前，我在一座山林间训练长跑，每天凌晨教练喊我起床练习，尽管我用尽全力，也总是没有进步。

“有一天清晨，在训练途中，我忽然听到身后传来狼的叫声，刚开始声音很遥远，可是没几秒钟就已经来到我的身后。当时我吓得不敢回头，只知道拼命奔跑逃命。那天我的速度居然是最快的。”

年轻人顿了顿，又说：“回来后教练跟我说：‘原来不是你不行，而是你身后少了一匹狼！’我这才知道，原来根本没有狼，是教练伪装出来的。从那以后，只要训练时，我就想着自己身后有一匹狼正在追赶，包括今天的比赛，那匹狼仍然在追赶着我，我必须战胜它！”

我们每个人都和这位年轻人一样，有着自己的人生目标。可是，我们的身后有“狼”吗？这只狼实际上就是压力。如果在人生路上毫无压力、过于安逸，那么，我们注定平淡、碌碌无为，如果有只“狼”在我们身后追赶着我们前进，我们势必会攀上人生的高峰。

生活中的人们，可能现在的你每天为生活奔波，生活、工作压得你喘不过气来，你开始抱怨生活、抱怨上司、抱怨家人。而其实，有压力，才有动力，压力带给我们的不仅仅是痛苦和沉重，还能激发我们的潜能和内在激情，让我们的潜能得以开发。如果说，人一生的发展是不易反应的药物，那么压力就是一剂高效的催化剂。它不是鼓励你成功，而是逼迫你成功，让你没有选择不成功的余地。它带给人的，不仅仅是痛苦，更多的则是一种对生命潜能的激发，从而催人更加奋进，最终创造出生命的奇迹。

1967年夏天，美国跳水运动员乔妮·埃里克森在一次跳水事故中，身负重伤，除脖子之外，全身瘫痪。乔妮从此被迫结束了自己的跳水生涯，离开了那条通向跳水冠军领奖台的路。她曾经绝望过。但最后，她摆脱了颓废，开始冷静思索人生意义和生命的价值。

乔妮领悟到：我是残了，但为什么不能在另外一条道路上获得成功？她想到了自己中学时代曾喜欢画画。于是，这位纤弱的姑娘变得坚强起来了，她捡起了中学时代曾经用过的画笔，用嘴衔着，练习开了。她常常累得头晕目眩，汗水把双眼弄得咸咸地辣痛，甚至有时委屈的泪水把画纸也淋湿了。

好些年头过去了，乔妮的辛勤劳动没有白费，她的一幅风景油画在一次画展上展出后，得到了美术界的好评。

乔妮又想到要学文学。因为曾有一家刊物曾向她约稿，要她谈谈自己学绘画的经过和感受，她用了很大力气，可稿子还是没有写成，这件事对她刺激太大了，她深感自己写作水平差，必须一步一个脚印地去学习。

是什么让乔妮·埃里克做到了在人生快进入绝望的时候重拾信心呢？是什么让她做到了再次找到人生的价值呢？一个刚毅的人就好像为自己寻找到一个心灵的保护伞，有了这个保护伞，他都是无惧的。人生的路并非一帆风顺，有失才有得，有大失才能有大得，如果没有承受失败考验的心理准备，闯不了多久就要走回头路了。

纵观历史，你会得出这样一个结论——成功者无一不是战胜失败后才获得成功的。事实上，人的意志力是强大的，可能我们对于自己能够变得多么坚强都毫无概念！大多数的人能够承受超过我们所认为的压力。每一个人都有无限的潜能，但除非你知道它在哪里，并坚持挖掘它，否则毫无价值。世界著名的大提琴演奏家帕柏罗卡沙成名之后，仍然每天练习6小时。有人问他为什么还要这么努力。他的回答是“我认为我正进步之中”。

当然，凡事都有度，我们也要将压力控制在一定的范围内，因为人生就好像一根弦，太松了，弹不出优美的乐曲；太紧了，又容易断裂。唯有松紧合适，才能奏出舒缓且优雅的乐章。适当的压力，不仅是我们成长的必备养分，也是成就我们亮丽人生的重要元素！

要想有所作为，就一定要严格要求自己

在物理学上，上坡需要消耗一定的能量，上升到一定的高度，蓄积一定的势能，势能一旦释放就会转变成动能，会成为下坡的动力，这就是我们常说的“下坡容易上坡难”。其实，人生也有上坡与下坡，上坡可以比喻成为“学好的过程”，下坡则比喻为“学坏的过程”，而最终成为的规律就是“学坏容

易学好难”。

俗话说：“学好千日不足，学坏一日有余。”坏习惯、自由散漫一学就会，而严守纪律、严格约束自己则要困难得多，这个规律就被称为“下坡容易定律”。这个定律提醒年轻人：如果要想成为一个有用的人，要想有所作为，就一定要严格要求自己，付出艰辛的努力；假如我们习惯于贪图享乐，就很容易使自己变得懒散堕落，最终一事无成，甚至有可能会步入歧途。

贝利在小时候参加了一次激烈的足球赛，比赛结束之后，贝利累得喘不过气来。休息的时候，贝利向小伙伴要了一支烟，他得意地从嘴里吐出一缕缕淡淡的烟雾，贝利有点陶醉了，似乎刚才的疲劳也随之消失了。然而，这一切被父亲全看见了，父亲的眉头皱得很紧，晚上，父亲问贝利：“你今天抽烟了？”贝利意识到自己做错了事情，低声回答：“抽了。”不过，父亲并没有发火，他在屋里走了好半天，才平静地对贝利说：“孩子，你踢球有几分天资，也许将来会有出息，可惜，你现在要抽烟，抽烟会损坏身体，使你在比赛时发挥不出应有的水平。”小贝利涨红了脸，头更低了，父亲接着说：“作为父亲，我有责任教育你向好的方面努力，也有责任制止你的不良行为，但是，是向好的方向努力，还是向坏的方向滑去，你自己才能做决定，我只想问问你，你是愿意抽烟呢？还是愿意做个有出息的运动员呢？孩子，你该懂事了，自己选择吧！”说着，父亲掏出一沓钞票，递给贝利，说道：“如果你不愿意做个有出息的运动员，执意要抽烟的话，这点钱作为你抽烟的钱吧！”说完，父亲就走了出去。贝利望着父亲远去的背影，回味着父亲恳切的话语，他难过地哭了，突然，贝利拿起桌上的钱还给了父亲，坚决地说：“爸爸，我再也不抽烟了，我一定要做个有出息的运动员。”

贝利开始走上坡路，通过刻苦训练，贝利的球艺突飞猛进，15岁参加桑托斯职业足球队，16岁进入巴西国家队，他被人们称为“黑珍珠”，最后，他成为球王。

在生活中，年轻人要经常检查自己，督促自己，克服自己的不良习惯，严格要求自己，不断地完善自我，最终成就自我。在人生的道路上，我们会面对各种不同的挑战，但是，我们最大的敌人并不是别人，而是自己，我们更要勇于挑战自我。一旦察觉自己有了走下坡路的趋势，一定要及时刹车，努力克服坏习惯，这样我们才有足够的能量踏上“上坡路”。

对于约翰尼·卡特来说，即使自己的梦想实现了，但是，人生的挑战还没有结束，在几年的巡回演出过程中，卡特的身体拖垮了。每天晚上，卡特都需要借助安眠药才能入睡，而且，还需要服用“兴奋剂”来维持第二天的精神状态。逐渐地，卡特沾染上了坏习惯，酗酒、服用催眠镇静药和刺激兴奋药物，坏习惯越来越严重，导致他对自己失去了控制能力，在以后的日子里，他不是在舞台上就是在监狱里。

有一次，卡特从一所监狱刑满出狱的时候，一位行政司法长官对他说："约翰尼·卡特，今天我要把你的钱和麻醉药还给你，因为你比别人更明白你能充分自由地选择自己想干的事，这就是你的钱和麻醉药，你现在就把这些药片扔掉吧，否则，你就去麻醉自己，毁灭自己，你自己做出选择吧！"卡特一瞬间醒悟了，他找到了私人医生，痛下决心戒掉坏习惯，医生不太相信他："戒毒瘾比找上帝还难。"卡特决心"一定能找到上帝"，他开始了漫长的戒毒之路，卡特将自己锁在卧室闭门不出，忍受着巨大的痛苦。当时，在卡特面前的有麻醉药的引诱，有奋斗目标的呼唤，卡特选择了奋斗，漫长的9个星期过去了，卡特回归了久违的生活。重返舞台后，卡特最终成为一名著名的灵魂歌手。

一个人想要征服世界，首先要战胜自己。在日常生活中，年轻人很容易就会陷入自我放纵的泥潭而无法自拔，沾染上一些坏习惯，整个人变得颓废不堪。学坏总是那么容易，而要想学好却是难上加难，为了避免自己一不小心走"下坡路"，我们应该时刻警惕自己的行为，努力走上坡，然后欣赏别样的风景。

当自己没有了约束，那么你就会不断地放纵自己，直到毁灭的那一天。生活对于我们而言，每天都充斥着未知的诱惑，可能是金钱与地位，可能是享乐与欲望，但是，当你开始深陷其中的时候，是否察觉到人生已经开始走下坡路了呢？

哲人说："贪图享乐是厄运的源头，克制好自己的欲望，做好自己的事情，才能平平安安地度过自己的人生之旅。"年轻人，随时警惕自己的行为，不要让自己踏上贪图享乐之路，无论是欲成大事者，还是一个普通的人，在任何情况下都不要放纵自我。

主宰你的情绪，而不是被情绪主宰

每个人在人生中要想获得长足的发展，首先应该突破自我，摆脱内心深处的樊篱，才能释放自己的无限能量。正如一位名人所说的，人最大的敌人就是自己。我们必须始终坚持挑战自我，不断突破自身的极限，才能锤炼自己的意志力，让自己成功征服自己。

尤其是在现代社会，整个时代都处于飞速发展之中，竞争前所未有的激烈。要想收获成功的人生，我们不但要与天斗，与地斗，更要与人斗争，这其中也包括自己。也许有很多人只有在碰得头破血流之后，才能彻底意识到，最大的敌人原来就是自己。只有想明白这个问题，我们才能更好地摆脱命运的禁锢，也挣脱内心深处的囚牢，从而实现海阔凭鱼跃、天高任鸟飞的畅意人生。

人是感性的动物，也常常受到情绪的影响。作为现代人，要想成功超越自我，突破自我的禁锢，我们首先应该成为情绪的主宰，由此才能拥有心平气和的人生，也才能得到命运的眷顾。从古至今，被气死的人不在少数，究其原因，他们都是因为不能控制自己的情绪，也无法成为情绪的主人，因而才在人生中显得非常被动。其实，聪明的人知道，生气是拿别人的错误惩罚自己。当我们受到别人的伤害，如果马上勃然大怒，那就更加中了他人的计谋，也导致伤害了自己。明智的做法是摆正心态，保持心境的平和，如此一来才能确保我们的人生更加淡定自若、从容不迫，也能保证我们不会因为生气伤害自身。

美国大名鼎鼎的船王哈利，曾经许诺儿子小哈利："等你23岁，我就把公司交给你打理。"然而，等到小哈利23岁生日时，老哈利却把小哈利带进了赌场，并且给了他2000美元作为赌资。当然，老哈利并非完全对小哈利放任不管，而是在小哈利进赌场前叮嘱他："记住，不要输得一无所有，必须留下500美元。"小哈利尽管连连点头，老哈利却再三叮咛。最终，小哈利因为输急了眼，不但忘记了老哈利的叮嘱，而且还输得分文不剩。他沮丧地走出赌场，向老哈利解释："对不起，爸爸，我原本以为能够把本钱再赢回来一部分的，没想到事与愿违。"老哈利并没有特别生气，仿佛小哈利的表现完全在他的预料之中，他平静地说："假如你想翻本，那就自己去挣钱再进赌场吧。"

随后的一个月时间里，小哈利每天都在辛苦地工作，终于赚取了几百美元。在再次走进赌场之前，他告诫自己："一旦输掉一半的钱，我就不再赌了，马上离开赌场。"然而，他依然失败了，再次分文不剩地走出赌场。老哈利对此没有发表任何意见，小哈利却沮丧地说："这辈子我再也不想进赌场了，我根本无法控制自己停止下赌注，所以每次都输得精光。"出乎小哈利的预料，老哈利一反常态，居然坚持要求小哈利再进赌场，并且依然要靠自己挣钱。为此，小哈利只好再去打工，为自己积累赌资。这次，直到半年之后，他才赚取了足够的本钱，因而又来到了赌场。

有了前两次的教训，小哈利这次显然变得稳重多了。在赌资输掉一半的时候，他毫不犹豫地控制住自己，没有继续下注，而是坚定不移地走出赌场。这次，尽管他很清楚地知道自己输掉了多少钱，也没有寄希望于能够赢回来，但是他还是觉得很高兴，因为他终于成功地控制住了自己，既没有冲动，也没有因为无法控制赔得血本无归。所以，小哈利觉得自己实际是赢了。

老哈利看着小哈利满面春风地走出赌场，欣慰地说："恭喜你，儿子，你终于战胜了自己。一个人只有真正成为自己的主人，战胜自己，才有可能成为真正的强者，也才有可能成为人生的赢家。"从此之后，小哈利俨然成为赌场的常客，不过他始终都坚持自己的底线，当赌资输掉10%时，他就一定会马上离开牌桌。渐渐地，小哈利从总是输钱变成了能够赢钱，不过此时，他却得到了父亲更加严重的警告：必须马上离开牌桌！不想，从未在牌桌上尝到甜头的小哈利根本舍不得离开，他再次陷入冲动之中，不停地下赌注，眼看着赌资就要翻倍了，他却因为情势突然改变，最终依然输得精光。此时此刻，小哈利才想起父亲的告诫，懊悔不已。

所谓吃一堑长一智，后来小哈利经过不断的历练，最终成为赌场上的老手，不管输赢都控制在10%以内，从不贪恋赌场。这时，老哈利知道小哈利真正长大了，也成熟了。要知道，这个世界上能够面对利益的诱惑果断退场的人，才是人生真正的强者和赢家。此时，老哈利把公司的财政大权交给小哈利，小哈利惊讶万分："爸爸，我根本不熟悉公司的业务啊！"老哈利却浑身轻松地说："没关系，业务总会熟悉的，你如今已经是自己欲望和情绪的主人，一定能够当好公司的家！"

在这个事例中，老哈利之所以在小哈利23岁生日的时候，把小哈利带到赌场，其实就是为了让小哈利学会控制自己的欲望，不管是面对失败还是成功，都能主宰自身的情绪，成为情绪的主人。在目的达成之后，老哈利毫无后顾之忧地把公司的财政大权交给了小哈利，从此小哈利就成了家族企业真正的当家人。我们从中不难看出，控制情绪对于任何人而言都是至关重要的，能否控制情绪甚至直接决定了我们人生成败的道路。

任何时候，一个人只有超越自我，突破自我，成为自身情绪的主宰，才能真正成为命运的强者，也才能如愿以偿地实现自己的伟大梦想和志向。尤其是在现代社会，人与人之间的竞争异常激烈，一味地受到欲望的驱使，甚至因此导致情绪失控，只会让我们的人生如同脱缰的野马，最终不知奔向何处。

朋友们，成功的路上总是充满荆棘，充满泥泞。与其因为这些难以避免的坎坷挫折而颓废沮丧，不如正视这些困难，成功超越困境，如此才能成为人生中真正的强者。否则，失败也就会成为笼罩在我们内心深处的雾霾，彻底遮蔽我们人生的阳光。记住，只要我们足够强大，在成功的道路上始终满怀希望和信心，成功一定会青睐我们！

控制住欲望，才能拥有知足常乐的人生

每个人都有欲望，也不是所有的欲望对人生都是有害的，假如我们能够把欲望控制在合理范围内，则欲望就能够不断鞭策和激励我们奋发进取，可以说合理的欲望与人生理想的作用相似，只不过人生理想是长期的，欲望则是短时的，甚至是眼前的。与合理的欲望恰恰相反，没有节制的欲望就像是深渊，人们一旦陷入其中，就很难脱身而出。诸如一个人做梦都在和朋友攀比，看到朋友刚刚买了豪车，他虽然经济实力不够，但是也会想方设法地借钱或者贷款买车。除了打肿脸充胖子之外，还有何积极的作用和意义呢！欲望就像是人们内心深处的沟壑，永远也填不满。如果一个人被欲望驱使和奴役，就会永远停留在欲望的深渊中，最终失去理想，失去斗志，也失去对

于人生的一切把控。

归根结底，人生是一场没有回程的旅行，我们又何必为了满足暂时的欲望，就忘却初心，也使自己遭人鄙视呢！一个人如果想要成为人生真正的强者，就必须努力成为欲望的主人，主宰欲望，也才能拥有知足常乐的人生。

当然，毋庸置疑，只要活着，人人都是有欲望的。每个人都想过上幸福安乐的生活，每个人都追求丰衣足食，这也是完全可以理解的，也是人之常情。然而，一旦这种正常的欲望产生畸变，无限膨胀，就会成为畸形的欲求，导致我们被欲望驱使。尤其是在金钱和权势面前，很少有人能够抵挡金钱权势的诱惑，即便已经身心俱疲，也依然削尖了脑袋往里钻。这样的生活，让人感到更加身心俱疲。其实在生死面前，还有什么事是真正不可放下的大事呢？与其这么劳累一生等到人生即将结束时才想明白其中的道理，不如尽早顿悟，也及时在人生的欲海中回头是岸。

自从和大丁结婚之后，小尹对于生活就极其不满意。原来，小尹是名牌大学生，大丁只是从名不见经传的大学毕业的，而且工作也很普通，就是个小小的公务员。如果不是父母非要让小尹嫁给大丁，她宁愿当剩女，也不想就这么交代了一生。

结婚之后，小尹和大丁的生活倒也平静，每天按部就班地上班下班，只是工资偏低，只能过着捉襟见肘、时时刻刻都要算计的日子。后来，小尹单位里的一个女同事买车了，小两口的日子再也不平静了。原来，小尹的同事艾玛最近买了一辆车，花了20多万元。看着艾玛每天都开着车来上班，小尹羡慕不已，也自惭形秽。回家之后，她就和大丁唠叨着要买车，大丁却说："你离单位那么近，只有几里路，开车还不够麻烦的呢，哪里有骑电动车方便啊，5分钟就到了。况且咱们刚刚结婚不久，房子的贷款还没还完呢，也没有闲钱买车啊！"听了大丁的话，小尹很不满意，但是既然大丁坚决不同意买车，而且家里也没钱，她也就不得不另想办法。

一个偶然的机会，小尹作为单位的会计，发现有一笔十几万的账目可以缓一个月再入库，她就鬼使神差地拿着这笔钱，居然擅自做主买了辆车，和大丁连招呼都没打。第一次开着新车回家的小尹，心中暗自窃喜，当看到这辆车时，大丁简直要崩溃了。他原本以为小尹瞒着他借钱买车，压根没想到小尹私自挪用了公款。要知道，对于财务人员而言，私自挪用公款可是要受到法律制裁的，为此，大丁尽管根本不赞同小尹买车，还是四处筹钱为小尹填补窟窿。

周末过去了，周一一早上，领导就问小尹那笔账目的事情，原来汇款的单位和领导通过电话，领导因而提前知道了这笔账已经到账。顿时，小尹慌张了，虽然她和大丁都在借钱，但是距离窟窿还差七八万呢！思来想去，她只好把事情向领导全盘托出，最终领导虽然决定不追究她的责任，但却开除了她的公职。如此得不偿失为了面子的冲动行为，让小尹成了欲望的奴隶，在欲望的驱使下彻底毁灭了自己的人生。此时的小尹悔不当初，大丁也一气之下与她离了婚，面对支离破碎的人生，她懊悔不已。

常言道，人心不足蛇吞象。其实，小尹的人生还是很平顺的，也没有遇到太大的坎坷。遗憾的是，她根本不满意这种平顺，直到因为欲望失去了原本得到的一切，她才幡然悔悟，意识到自己因为过于贪婪失去了人生中最宝贵的安稳幸福。

所谓知足常乐，正是告诉我们欲望是永无止境的，唯有保持内心的富足，我们才能恰到好处地控制自己的欲望，也才能满足自己的欲望，感受到人生的幸福快乐。否则，一旦人生就像一条贪吃蛇那样永无休止地吃啊吃啊，永不满足，那么最终会自寻死路。

参考文献

[1]雾满拦江. 你要在最好的年纪，活得无可代替[M]. 南昌：百花洲文艺出版社，2017.

[2]刘仕祥. 在最能吃苦的年纪，遇见拼命努力的自己[M]. 深圳：海天出版社，2016.

[3]陶君豪. 努力到无能为力，拼搏到感动自己[M]. 厦门：鹭江出版社，2016.